中天实训教程

气动控制技术

本书编写人员

主　编　杜　瑞
副主编　张余彬
编　者　褚夫广　杜　瑞　韩树柏　靳文静　吴　璇
　　　　赵　亮　张余彬
审　稿　杨　鹏

中国劳动社会保障出版社

图书在版编目(CIP)数据

气动控制技术/杜瑞主编. —北京：中国劳动社会保障出版社，2016
ISBN 978-7-5167-2834-5

Ⅰ. ①气… Ⅱ. ①杜… Ⅲ. ①气动控制器 Ⅳ. ①TM571.3

中国版本图书馆 CIP 数据核字(2016)第 290617 号

中国劳动社会保障出版社出版发行
(北京市惠新东街 1 号 邮政编码：100029)
*
北京金明盛印刷有限公司印刷装订 新华书店经销
787 毫米×1092 毫米 16 开本 5.25 印张 98 千字
2016 年 12 月第 1 版 2016 年 12 月第 1 次印刷
定价：14.00 元

读者服务部电话：(010) 64929211/64921644/84626437
营销部电话：(010) 64961894
出版社网址：http://www.class.com.cn

前 言

为加快推进职业教育现代化与职业教育体系建设，全面提高职业教育质量，更好地满足中国（天津）职业技能公共实训中心的高端实训设备及新技能教学需要，天津海河教育园区管委会与中国（天津）职业技能公共实训中心共同组织，邀请多所职业院校教师和企业技术人员编写了“中天实训教程”丛书。

丛书编写遵循“以应用为本，以够用为度”的原则，以国家相关标准为指导，以企业需求为导向，以职业能力培养为核心，注重应用型人才的专业技能培养与实用技术培训。丛书具有以下一些特点：

以任务驱动为引领，贯彻项目教学。将理论知识与操作技能融合设计在教学任务中，充分体现“理实一体化”与“做中学”的教学理念。

以实例操作为主，突出应用技术。所有实例充分挖掘公共实训中心高端实训设备的特性、功能以及当前的新技术、新工艺与新方法，充分结合企业实际应用，并在教学实践中不断修改与完善。

以技能训练为重，适于实训教学。根据教学需要，每门课程均有丰富的实训项目。在介绍一些必备理论知识的基础上，突出技能操作，严格实训程序，有利于技能养成和固化。

丛书在编写过程中得到了天津市职业技能培训研究室的积极指导，同时也得到了河北工业大学、天津职业技术师范大学、天津中德应用技术大学、天津机电工艺学院、天津轻工职业学院以及海克斯康测量技术（青岛）有限公司、ABB（中国）有限公司、天津领智科技有限公司、天津市翰本科技有限公司的大力支持与热情帮助，在此一并致以诚挚的谢意。

由于编者水平有限，经验不足，时间仓促，书中疏漏在所难免，衷心希望广大读者与专家提出宝贵意见和建议。

编审委员会

内容简介

本教材根据近几年实训教学的实践经验和当前教学改革的要求编写，突出知识和技能的实用性，采用任务驱动法，以任务来引领实训教学的设计和实施。

教材分为气动控制技术实训、电气气动控制技术实训、PLC 气动控制技术实训三大项目。气动控制技术实训项目主要学习气动基本元器件的功能和应用，并根据不同设备的工艺要求进行气动控制回路的构建和调试。电气气动控制技术实训项目在前一项目的基础之上，加入了继电器控制技术，将电气和气动控制回路进行一体化设计、构建和调试。PLC 气动控制技术实训项目则是在前两个项目的基础上，采用了 PLC 进行控制，将 PLC、电气传动和气压传功进行一体化设计、安装和调试。

本教材适用于大学本科、高职和中职院校的气动控制技术实训课程教学，同时也适用于企业员工的培训。

目 录

项目一

气动控制技术实训

实训内容

1. 气动元器件的功能及其使用。
2. 典型基本气动控制回路的构建与调试。
3. 气动控制回路的应用实例模拟。

实训目标

1. 能够正确选型和使用气动元器件。
2. 掌握气动控制回路构建的步骤和方法。
3. 掌握气动控制回路的安装调试技能。

实训设备

FESTO 电气气动实训设备。

实训指导

气动控制设备是机电一体化装备的重要组成部分，被广泛应用于现代工业的各个行业。气动控制技术已成为现代工业控制中不可缺少的传动控制技术。在气压传动系统中，工作部件之所以能按照设计要求完成动作，是通过对气动执行元件运动方向、速度以及压力的控制和调节来实现的。在现代工业中，气压传动系统为了实现所需的功能有着各不相同的构成形式，但无论多么复杂的系统都是由一些基本的、常用的控制回路组成的。例如，气缸的直接、间接控制回路，逻辑控制回路，实现气缸顺序动作的行程程序控制回路，调节和控制执行元件运动速度的速度控制回路，调节和控制工作压力的压力控制回路。了解这些回路的功能，熟悉回路中相关元件的作用和结构，对于我们更好地分析、使用、维护或设计各种气压传动系统有着根本性的指导作用。

在本项目的实训中，学员要掌握气动控制技术的基本工作原理，还要掌握典型基本气动控制回路的构建与调试，并能根据运行设备的工艺要求进行气动控制回路的设计、构建与调试。

任务 1　单作用气缸的直接与间接控制

【任务描述】

根据气动控制系统的构成原理选择正确的气动元器件进行安装，构建单作用气缸的直接和间接气动控制回路。

【任务分析】

本任务是让学员掌握单作用气缸直接与间接控制回路的基本组成、构建和调试的基本技能，掌握所选用控制元器件的功能及使用方法。

【相关知识】

1. 气动控制系统的基本组成

气动控制系统由气源设备（能源装置）、气动执行元件（执行装置）、气动控制元件（控制调节装置）、辅助元件（辅助装置）四部分构成，如图 1—1 所示。

2. 气动执行元件

在气动控制系统中将压缩空气的压力能转换为机械能，驱动工作机构做往复直线运动、摆动或旋转的元器件称为气动执行元件。气动执行元件有三大类：产生往复直线运动的气缸、在一定角度范围内摆动的摆动马达以及产生连续转动的气动马达。气动执行元件由于都是采用压缩空气作为动力源，其输出力（或力矩）都不可能很大；同时由于空气的可压缩性，使其受负载的影响也较大。

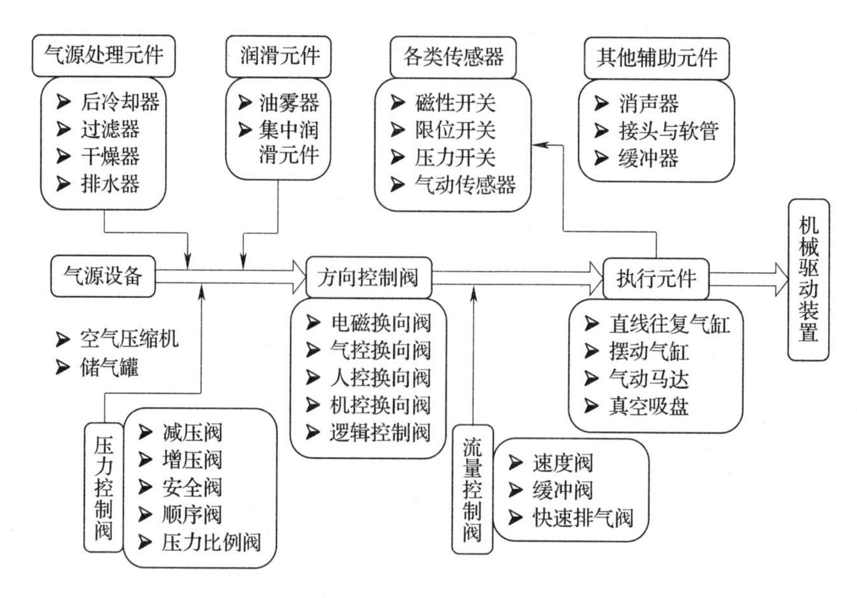

图 1—1　气动控制系统的组成

3. 单作用气缸的结构、工作原理及特点

(1) 单作用气缸的结构和工作原理

单作用气缸只在活塞一侧可以通入压缩空气使其伸出或缩回，另一侧是通过呼吸孔开放在大气中的。单作用气缸实物和图形符号如图 1—2 所示。活塞的反向动作则靠一个复位弹簧或是施加外力来实现。由于压缩空气只能在一个方向上控制气缸活塞的运动，所以称为单作用气缸。

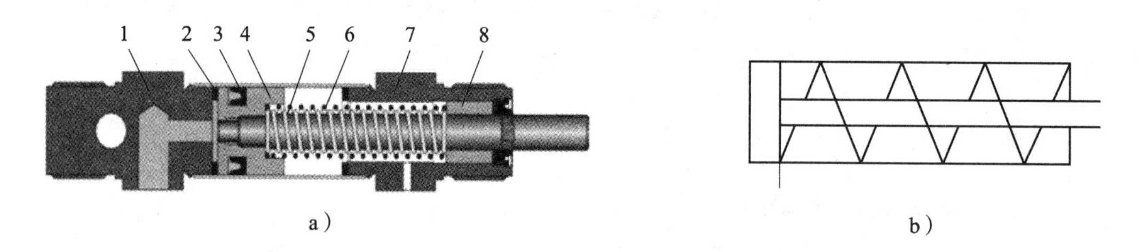

图 1—2　单作用气缸

a) 实物剖面图　b) 图形符号

1—后缸盖　2—橡胶缓冲垫　3—活塞密封圈　4—活塞　5—弹簧　6—活塞杆　7—前缸盖　8—导向套

(2) 单作用气缸的特点

1) 由于单边进气，因此结构简单、耗气量小。

2) 缸内安装了弹簧，增加了气缸长度，缩短了气缸的有效行程，且其行程还受弹簧长度的限制。

3）借助弹簧力复位，使压缩空气的能量有一部分用来克服弹簧张力，减小了活塞杆的输出力；而且输出力的大小和活塞杆的运动速度在整个行程中随弹簧的变形而变化。

因此，单作用气缸多用于行程较短以及对活塞杆输出力和运动速度要求不高的场合。

4. 气动控制元件

气动控制阀是指在气动控制系统中控制和调节压缩空气的压力、流量、流动方向和发送信号的重要元件，并保证气动执行元件按照设计要求工作的各类气动元件。按控制元件的功能和用途，气动控制元件可分为以下三类：

1）压力控制阀：用于控制和调节气体压力。

2）流量控制阀：用于控制和调节气体流量。

3）方向控制阀：用于改变和控制气流流动方向和气流通断。

此外，除上述三类控制阀外，还有能实现一定逻辑功能的逻辑元件。

5. 二位三通换向阀的功能

二位三通换向阀图形符号如图 1—3 所示。当 1 口进气时，如果此换向阀处于静止状态则为常断式。1、2 口断开，2、3 口接通进行排气工作，当手动驱动按钮阀芯右移左位工作时则 1、2 口接通进气，2、3 口断开静止排气；当手动驱动失效阀芯在弹簧驱动的作用下左移右位工作时，复位静止状态。

6. 单气控二位三通常断式换向阀

当气控口 12 上有气压信号时，单气控二位三通阀阀芯右移左位工作换向，1 口与 2 口接通。当控制口 12 上的气压信号消失时，单气控二位三通阀在弹簧作用下复位，1 口关闭。单气控二位三通常断式换向阀图形符号如图 1—4 所示。

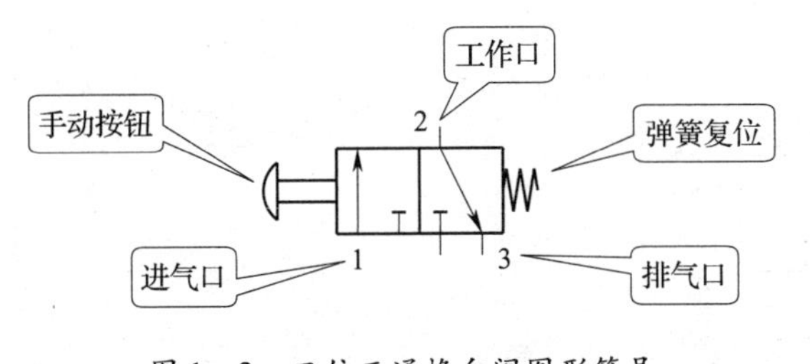

图 1—3　二位三通换向阀图形符号

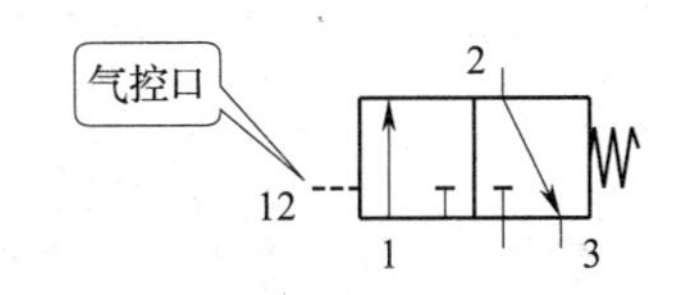

图 1—4　单气控二位三通常断式换向阀图形符号

7. 气缸的间接控制

单作用和双作用气缸最简单的控制方式是直接使用控制信号进行控制。这种方法是通过手动或机械驱动的阀来控制气缸，而不是用额外的换向阀来做中间转换。如果端口型号和阀的流量很大，所需操作力就会很大，这时就不适合直接手动控制。

【任务实施】

以小组为单位进行以下学习实训活动：

1．认真分析任务描述，理清控制要求和动作逻辑关系。

2．根据控制要求在 FluidSIM－P 仿真软件上进行气动控制回路的设计与调试。

3．按照仿真设计的结果，在 FESTO 实训台上进行气动控制回路的构建。

4．连接无误后，打开气源供气，观察气缸运行情况是否符合控制要求。

5．对实训中出现的问题进行分析、讨论和解决，并做好相应记录。

6．完成实训任务后，将元器件放回元件存储柜并进行检查整理。

【参考设计回路】

单作用气缸直接控制回路如图 1—5 所示。

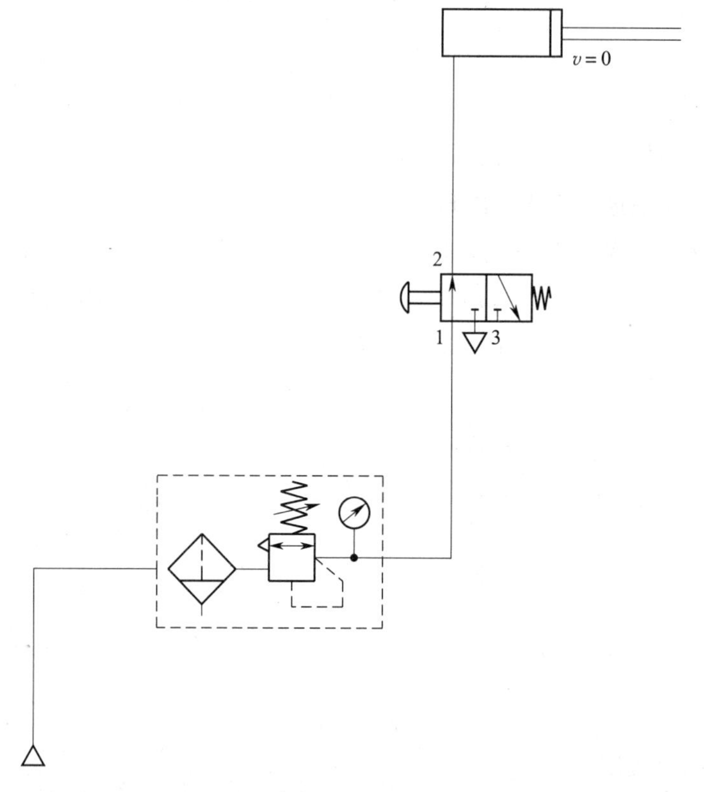

图 1—5　单作用气缸直接控制回路

单作用气缸间接控制是指利用较小的气压驱动控制气控换向阀，从而控制大的气体压力。单作用气缸间接控制回路如图 1—6 所示。

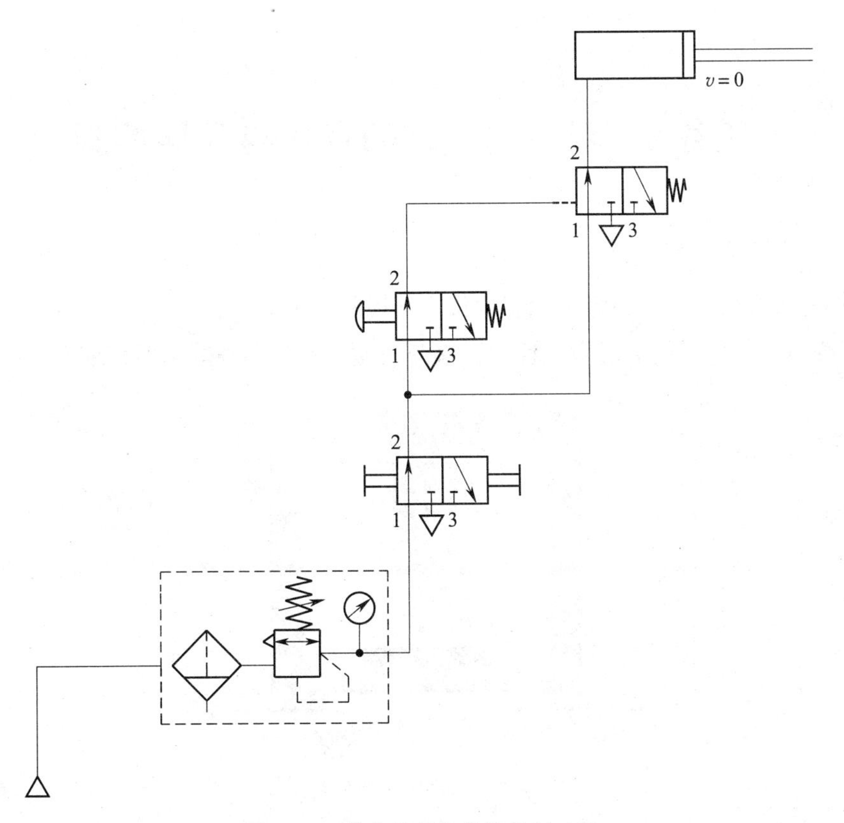

图 1—6　单作用气缸间接控制回路

【任务评价】

填写评价表 1—1。

表 1—1　　单作用气缸的直接与间接控制实训

评价方面	分值	自我评价	小组互评	教师评价	得分
方案设计	10 分				
气动控制回路模拟仿真调试	20 分				
元器件的安装	10 分				
气动控制回路构建调试	20 分				
执行元件动作过程	20 分				
学习态度	10 分				
文明生产	10 分				

任务 2　双作用气缸的直接与间接控制

【任务描述】

如图 1—7 所示为双作用气缸控制设备，其控制要求如下：

按下按钮，双作用气缸活塞杆伸出；松开按钮，双作用气缸活塞杆缩回。

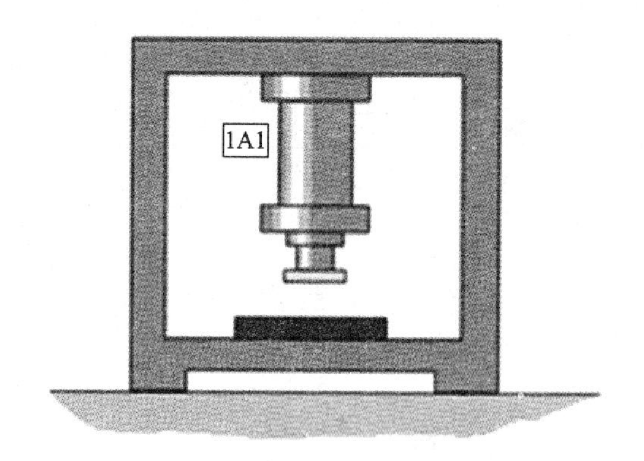

图 1—7　双作用气缸控制设备

【任务分析】

因缸径为 250 mm，所以，气缸需消耗大量压缩空气。当气缸以较高速度运动或缸径较大时，应采用大通径换向阀对其控制。在这种情况下，由于换向阀的驱动力相应也变大，因此，气缸控制应选择间接驱动方式。

本任务是让学员掌握双作用气缸直接与间接控制回路的基本组成、构建和调试的基本技能，掌握所选用控制元器件的功能及使用方法。

【相关知识】

1. 双作用气缸的组成

双作用气缸被活塞分成两个腔室：有杆腔和无杆腔，结构如图 1—8 所示。

2. 单气控二位五通换向阀

单气控二位五通换向阀图形符号如图 1—9 所示。

控制口 14 上有气压信号时，单气控二位五通阀换向，1 口与 4 口接通。当控制口 14 上的气压信号消失时，单气控二位五通阀在弹簧作用下复位，1 口与 2 口接通。

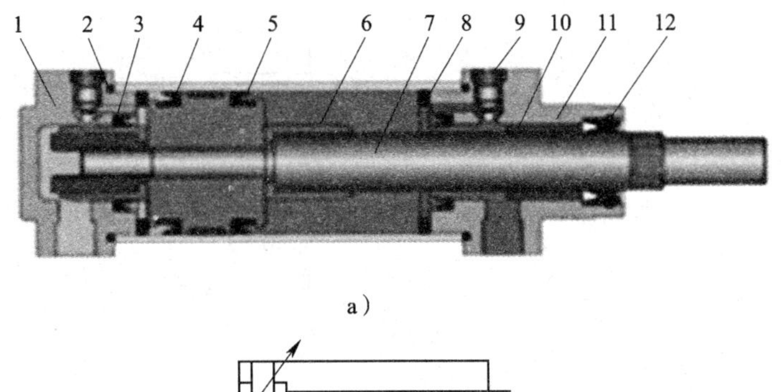

a）

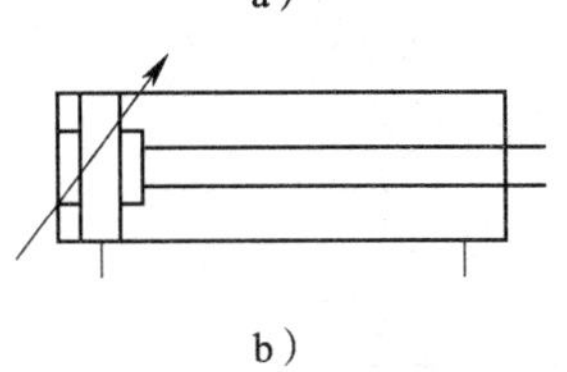

b）

图 1—8　双作用气缸

a）实物剖面图　b）图形符号

1—后缸盖　2—密封圈　3—缓冲密封圈　4—活塞密封圈　5—活塞　6—缓冲柱塞　7—活塞杆　8—缸筒　9—缓冲节流阀　10—导向套　11—前缸盖　12—防尘密封圈

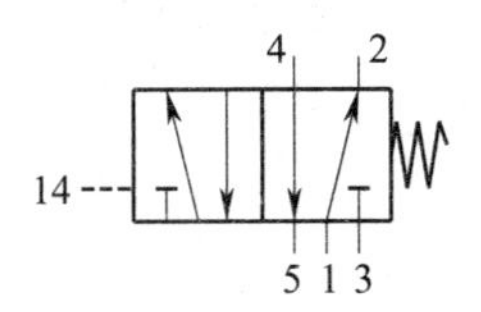

图 1—9　单气控二位五通换向阀图形符号

【任务实施】

以小组为单位进行以下学习实训活动：

1. 认真分析任务描述，理清控制要求和动作逻辑关系。
2. 根据控制要求在 FluidSIM－P 仿真软件上进行气动控制回路的设计与调试。
3. 按照仿真设计的结果，在 FESTO 实训台上进行气动控制回路的构建。
4. 连接无误后，打开气源供气，观察气缸运行情况是否符合控制要求。
5. 对实训中出现的问题进行分析、讨论和解决，并做好相应记录。
6. 完成实训任务后，将元器件放回元件存储柜并进行检查整理。

【参考设计回路】

双作用气缸直接控制回路如图 1—10 所示。

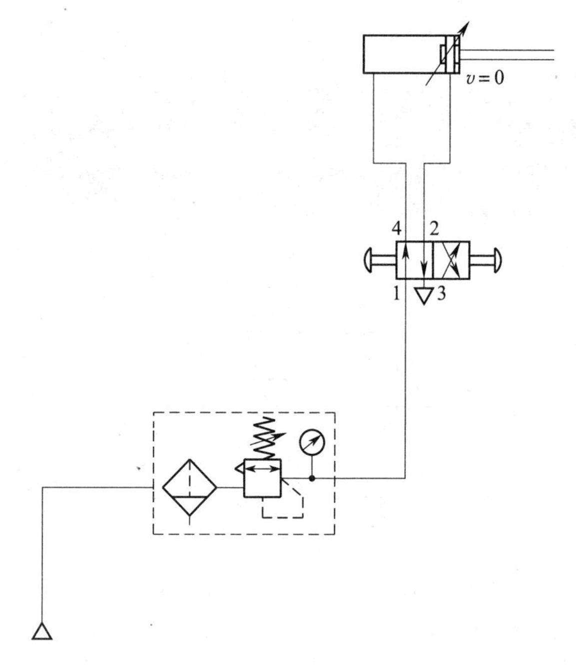

图 1—10　双作用气缸直接控制回路

双作用气缸间接控制回路如图 1—11 所示。

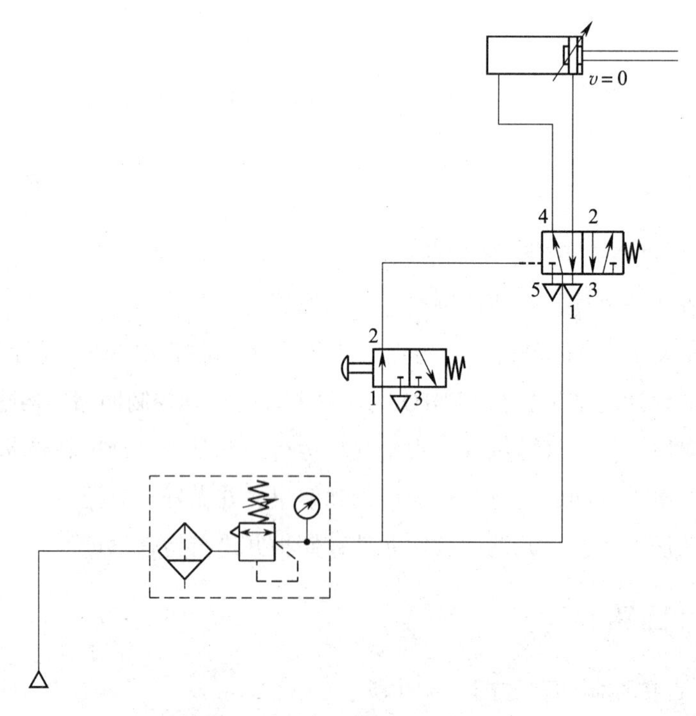

图 1—11　双作用气缸间接控制回路

【任务评价】

填写评价表 1—2。

表 1—2　　双作用气缸的直接与间接控制实训

评价方面	分值	自我评价	小组互评	教师评价	得分
方案设计	10 分				
气动控制回路模拟仿真调试	20 分				
元器件的安装	10 分				
气动控制回路构建调试	20 分				
执行元件动作过程	20 分				
学习态度	10 分				
文明生产	10 分				

任务 3　位置转换装置气动控制回路构建与调试

【任务描述】

如图 1—12 所示为煤炭传输线上的一套中间位置转换装置，在此设备上，经过冷却的煤块被传送至一个高位或是低位的传送带上。滑动杆高低位置由气动执行元件来控制。现按照运行控制要求为其设计安装一套气动控制回路对其进行控制。具体控制要求如下：

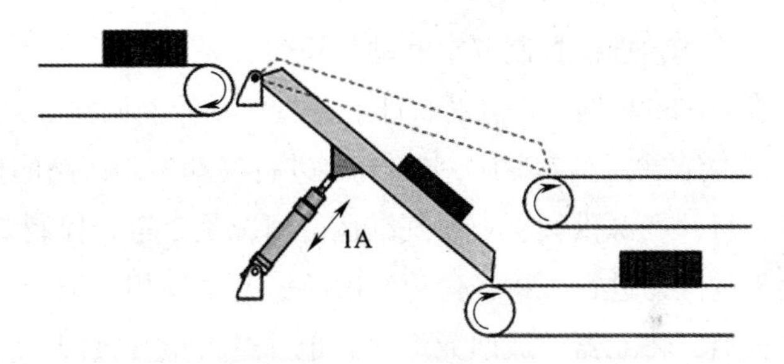

图 1—12　中间位置转换装置

气缸前进运动的时间 $t_1=3$ s，缩回运动的时间 $t_2=2.5$ s。初始位置设定为气缸处在缩回的末端位置。

【任务分析】

通过本任务的实训，让学员能够利用所学基本控制回路的知识设计位置转换装置气动控制回路，并掌握换向阀选型和连接的技能。在调试的过程中要利用回路上的元件保证达到设备运行的时间要求。

【相关知识】

1. 旋钮式二位五通换向阀

如图1—13所示，旋转按钮驱动二位五通换向阀阀芯右移左位工作，则1口与4口接通。释放按钮，二位五通换向阀仍保持左位工作状态。向右旋转按钮在复位弹簧的作用下使其复位，此时，1口与2口接通。

2. 可调单向节流阀

如图1—14所示，可调单向节流阀由单向阀和可调节流阀组成，单向阀在一个方向上可以阻止压缩空气流动，此时，压缩空气经可调节流阀流出，调节螺钉可以调节节流面积。在相反方向上，压缩空气经单向阀流出。

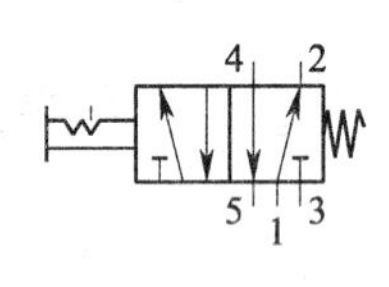

图1—13　旋钮式二位五通换向阀

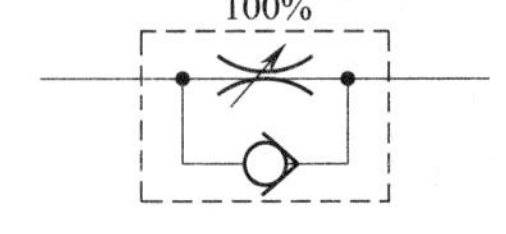

图1—14　可调单向节流阀

【任务实施】

以小组为单位进行以下学习实训活动：

1. 认真分析任务描述，理清控制要求和动作逻辑关系。
2. 根据控制要求在FluidSIM－P仿真软件上进行气动控制回路的设计与调试。
3. 按照仿真设计的结果，在FESTO实训台上进行气动控制回路的构建。
4. 连接无误后，打开气源供气，观察气缸运行情况是否符合控制要求。
5. 对实训中出现的问题进行分析、讨论和解决，并做好相应记录。
6. 完成实训任务后，将元器件放回元件存储柜并进行检查整理。

【参考设计回路】

位置转换装置气动控制回路如图1—15所示。

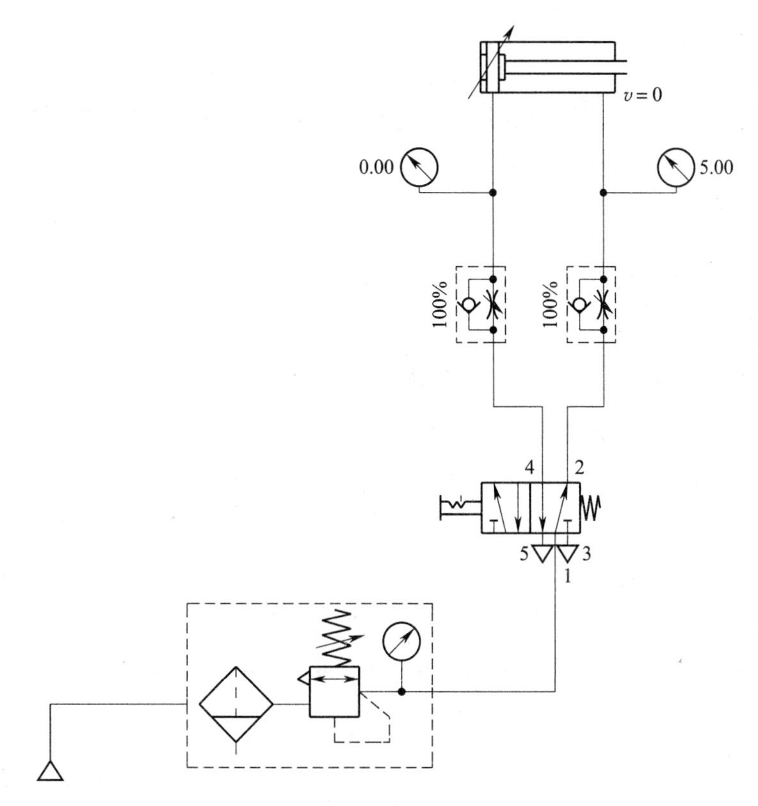

图 1—15　位置转换装置气动控制回路

【任务评价】

填写评价表 1—3。

表 1—3　　　　位置转换装置气动控制回路构建与调试实训

评价方面	分值	自我评价	小组互评	教师评价	得分
方案设计	10 分				
气动控制回路模拟仿真调试	20 分				
元器件的安装	10 分				
气动控制回路构建调试	20 分				
执行元件动作过程	20 分				
学习态度	10 分				
文明生产	10 分				

任务 4 折边机气动控制回路构建与调试

【任务描述】

折边机如图 1—16 所示，按照运行控制要求为此设备设计安装一套完整的气动控制回路系统。具体控制要求如下：

必须同时按下两个控制按钮才能驱动折边机工作，对金属板材进行加工，松开两个按钮中的任意一个折边机则缓慢恢复到初始位置，并记录在两个不同位置的气缸压力值。

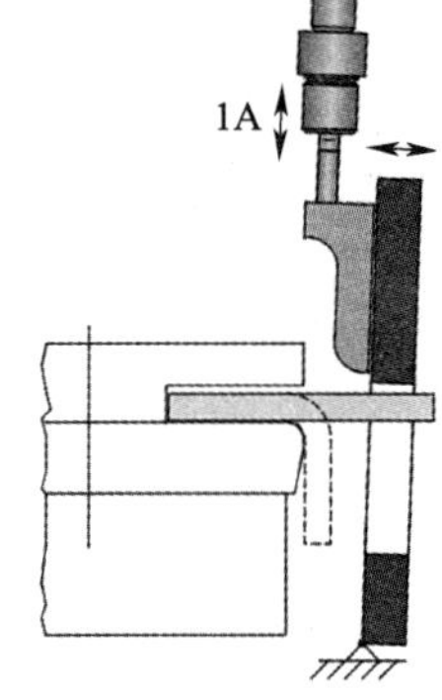

图 1—16 折边机

【任务分析】

通过本任务的实训，让学员能够利用所学基本控制回路的知识设计折边机气动控制回路，并掌握双压阀、快速排气阀选型和连接的技能。在调试的过程中要利用回路上的元件保证达到设备运行的压力要求。

【相关知识】

1. 双压阀的功能

如图 1—17 所示，只有在两个输入口 1 都有气压信号时，输出口 2 才有气压信号输出。也就是说，只要两个输入口中有一个无气压信号，输出口 2 就无气压信号输出（“与”逻辑功能）。

2. 快速排气阀的功能

如图 1—18 所示，压缩空气从 1 口流向 2 口。如果进气压力（1 口压力）降低，则 2 口压缩空气通过消声器排入大气。快速排气阀可使气缸活塞运动速度加快，特别是在单作用气缸运动情况下，可以避免其回程时间过长。为了减小流阻，快速排气阀应靠近气缸安装，压缩空气通过大排气口排出。

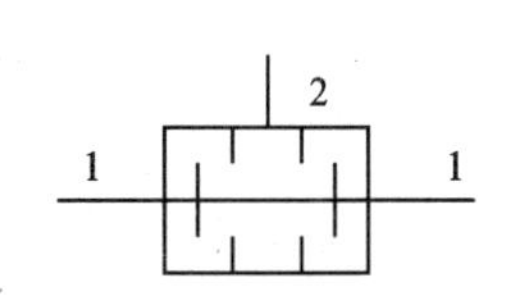

图 1—17 双压阀

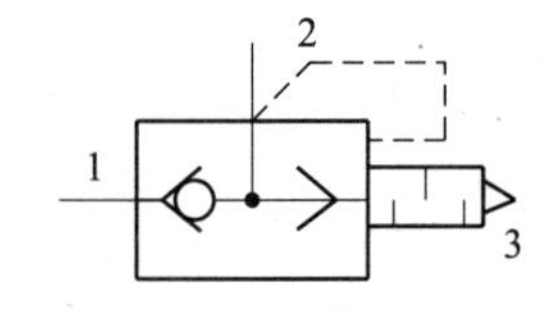

图 1—18 快速排气阀

【任务实施】

以小组为单位进行以下学习实训活动：

1. 认真分析任务描述，理清控制要求和动作逻辑关系。
2. 根据控制要求在 FluidSIM－P 仿真软件上进行气动控制回路的设计与调试。
3. 按照仿真设计的结果，在 FESTO 实训台上进行气动控制回路的构建。
4. 连接无误后，打开气源供气，观察气缸运行情况是否符合控制要求。
5. 对实训中出现的问题进行分析、讨论和解决，并做好相应记录。
6. 完成实训任务后，将元器件放回元件存储柜并进行检查整理。

【参考设计回路】

折边机气动控制回路如图 1—19 所示。

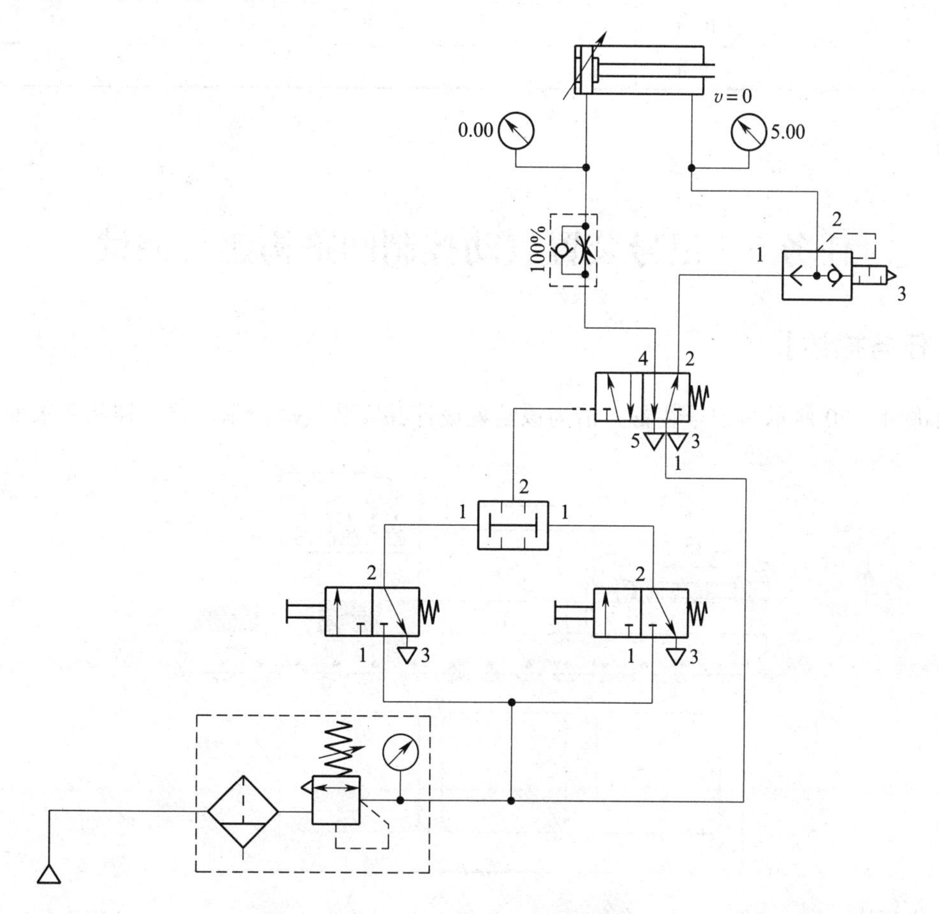

图 1—19 折边机气动控制回路

【任务评价】

填写评价表 1—4。

表 1—4　　折边机气动控制回路构建与调试实训

评价方面	分值	自我评价	小组互评	教师评价	得分
方案设计	10 分				
气动控制回路模拟仿真调试	20 分				
元器件的安装	10 分				
气动控制回路构建调试	20 分				
执行元件动作过程	20 分				
学习态度	10 分				
文明生产	10 分				

任务 5　记号装置气动控制回路构建与调试

【任务描述】

如图 1—20 所示为记号装置，请为该装置设计并安装气动控制回路，控制要求如下：

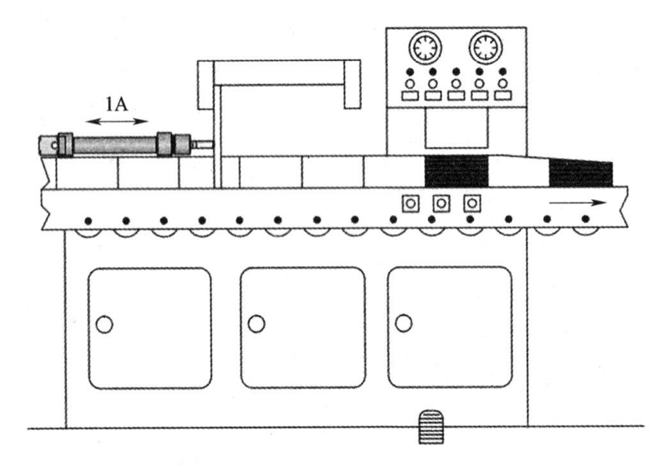

图 1—20　记号装置

测量人员的测量杆长度为 3 m 或 5 m，红色标记的长度为 200 mm。可以在两个按钮中进行选择以通过气缸来控制测量杆的运动，气缸上有排气阀。按下按钮可以控制行程，直到气缸（1A）达到前进的终端位置。气缸活塞杆缩回位置为初始位置。

【任务分析】

通过本任务的实训，学员能够利用所学基本控制回路的知识设计记号装置气动控制回路，并掌握梭阀选型和连接的技能。在调试的过程中要利用回路上的元件保证达到设备运行的压力要求。

【相关知识】

1. 梭阀的功能

如图 1—21 所示，当输入口 1 有气压信号时，输出口 2 才有气压信号输出。也就是说，只要两个输入口中有一个口有气压信号，输出口 2 就会有气压信号输出（“或”逻辑功能）。

2. 滚轮杠杆式二位三通换向阀（常断）

滚轮杠杆式二位三通换向阀如图 1—22 所示。按下杠杆（如通过凸轮），驱动滚轮杠杆阀芯右移左位工作，1 口与 2 口接通。释放杠杆后，在复位弹簧作用下，滚轮杠杆阀芯左移复位右位工作，即 1 口与 2 口关闭。

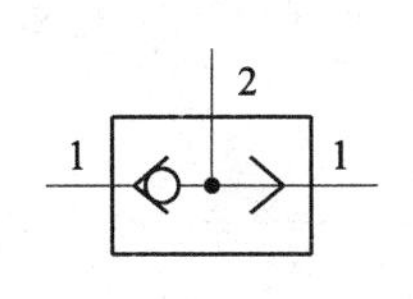

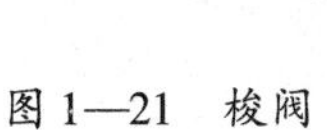

图 1—21　梭阀

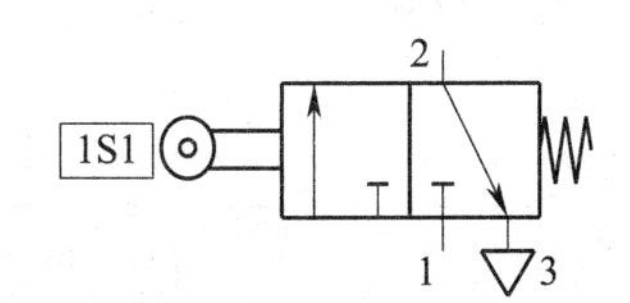

图 1—22　滚轮杠杆式二位三通换向阀

【任务实施】

以小组为单位进行以下学习实训活动：

1. 认真分析任务描述，理清控制要求和动作逻辑关系。
2. 根据控制要求在 FluidSIM－P 仿真软件上进行气动控制回路的设计与调试。
3. 按照仿真设计的结果，在 FESTO 实训台上进行气动控制回路的构建。
4. 连接无误后，打开气源供气，观察气缸运行情况是否符合控制要求。
5. 对实训中出现的问题进行分析、讨论和解决，并做好相应记录。

6．完成实训任务后，将元器件放回元件存储柜并进行检查整理。

【参考设计回路】

记号装置气动控制回路如图 1—23 所示。

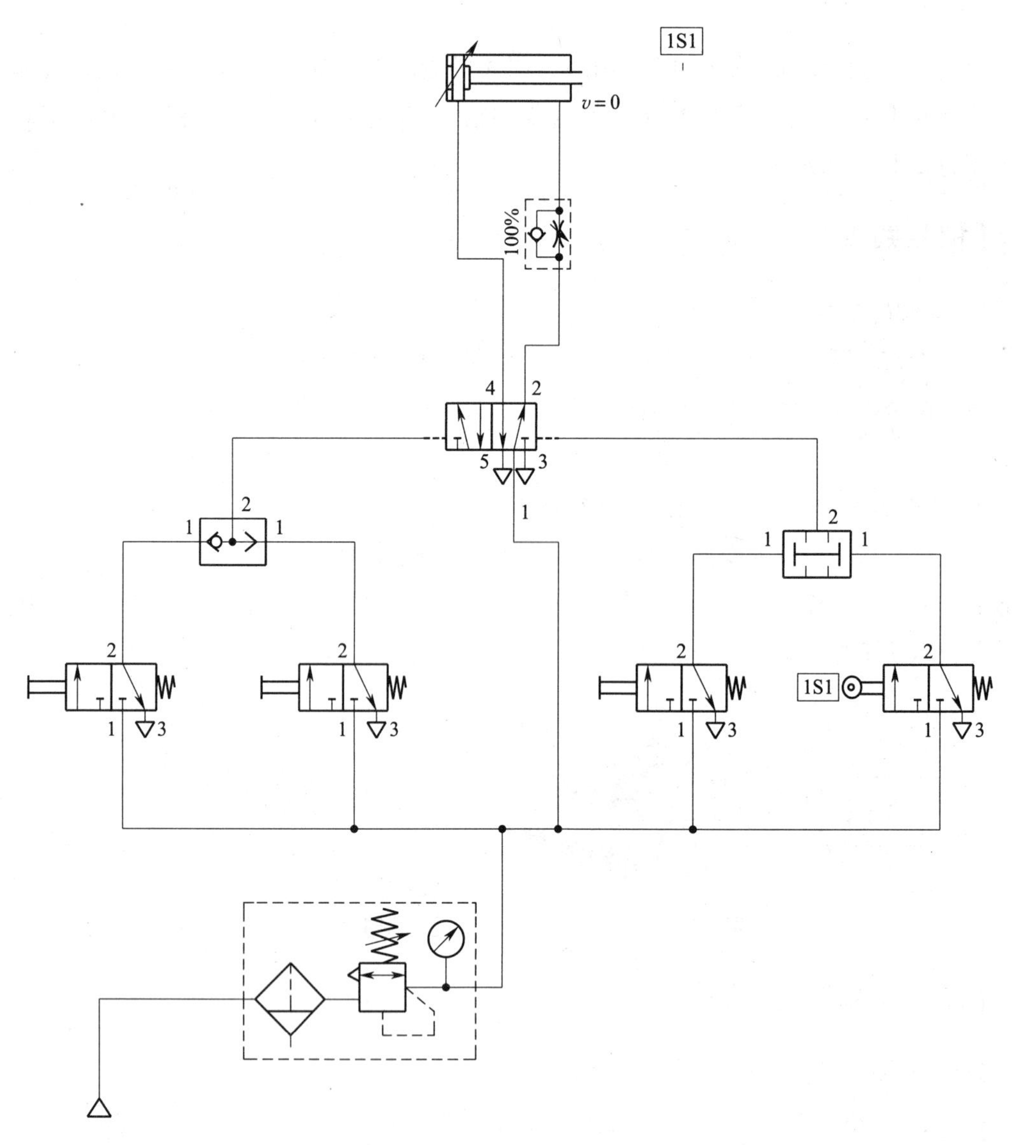

图 1—23　记号装置气动控制回路

【任务评价】

填写评价表 1—5。

表 1—5　记号装置气动控制回路构建与调试实训

评价方面	分值	自我评价	小组互评	教师评价	得分
方案设计	10 分				
气动控制回路模拟仿真调试	20 分				
元器件的安装	10 分				
气动控制回路构建调试	20 分				
执行元件动作过程	20 分				
学习态度	10 分				
文明生产	10 分				

任务 6　圆柱工件分离设备气动控制回路构建与调试

【任务描述】

双作用气缸将圆柱形工件推向测量装置，如图 1—24 所示，工件通过气缸的连续运动而被分离。请为圆柱工件分离设备构建气动控制回路，控制要求如下：

通过控制阀上的旋钮使气缸运动。气缸的进程时间 $t_1=0.6$ s，回程时间 $t_3=0.4$ s。气缸在前进的末端位置停留时间 $t_2=1.0$ s，周期循环时间 $t_4=2.0$ s。

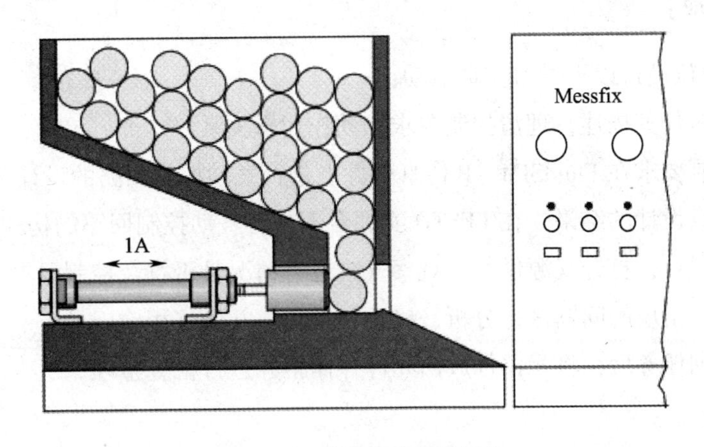

图 1—24　圆柱工件分离设备

【任务分析】

通过本任务的实训，学员能够利用所学基本控制回路的知识设计圆柱工件分离设备气动控制回路，并掌握延时阀选型和连接的技能。在调试的过程中要利用回路上的元件保证达到设备运行时的动作时间要求。

【相关知识】

1. 气控延时阀（常断式）

如图 1—25 所示，延时阀由单气控二位三通阀、可调单向节流阀和小气室组成。当控制口 12 上的压力达到设定值时，单气控二位三通阀动作，进气口 1 与工作口 2 接通。

2. 双气控二位五通换向阀

双气控二位五通换向阀如图 1—26 所示。气动控制口 14 或 12 上有气压信号时，双气控二位五通阀换向，1 口与 4 口或 1 口与 2 口接通。双气控阀具有记忆功能，当控制口 12 或 14 的气压信号消失时，阀芯将在下一气压信号到来之前保持在原位置静止。

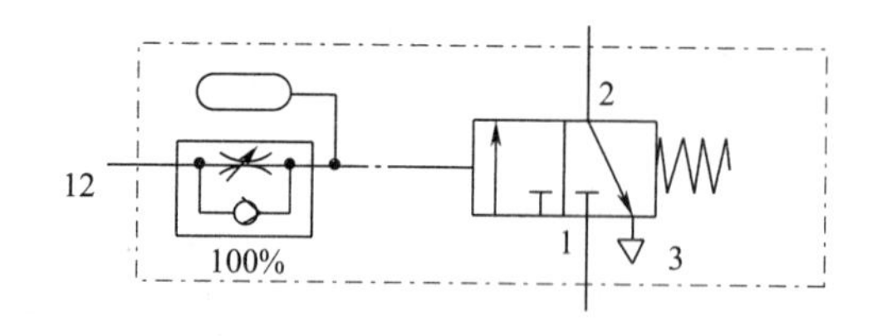

图 1—25 气控延时阀（常断式）图形符号

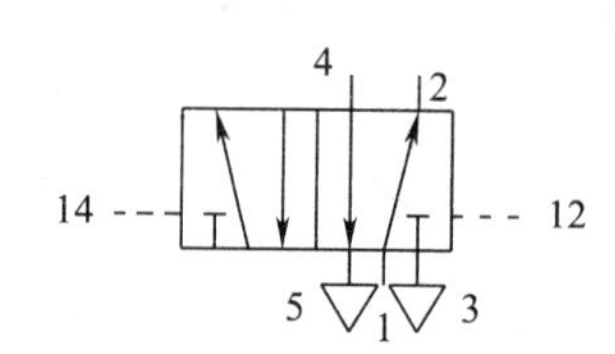

图 1—26 双气控二位五通换向阀图形符号

【任务实施】

以小组为单位进行以下学习实训活动：

1. 认真分析任务描述，理清控制要求和动作逻辑关系。
2. 根据控制要求在 FluidSIM－P 仿真软件上进行气动控制回路的设计与调试。
3. 按照仿真设计的结果，在 FESTO 实训台上进行气动控制回路的构建。
4. 连接无误后，打开气源供气，观察气缸运行情况是否符合控制要求。
5. 对实训中出现的问题进行分析、讨论和解决，并做好相应记录。
6. 完成实训任务后，将元器件放回元件存储柜并进行检查整理。

【参考设计回路】

圆柱工件分离设备气动控制回路如图 1—27 所示。

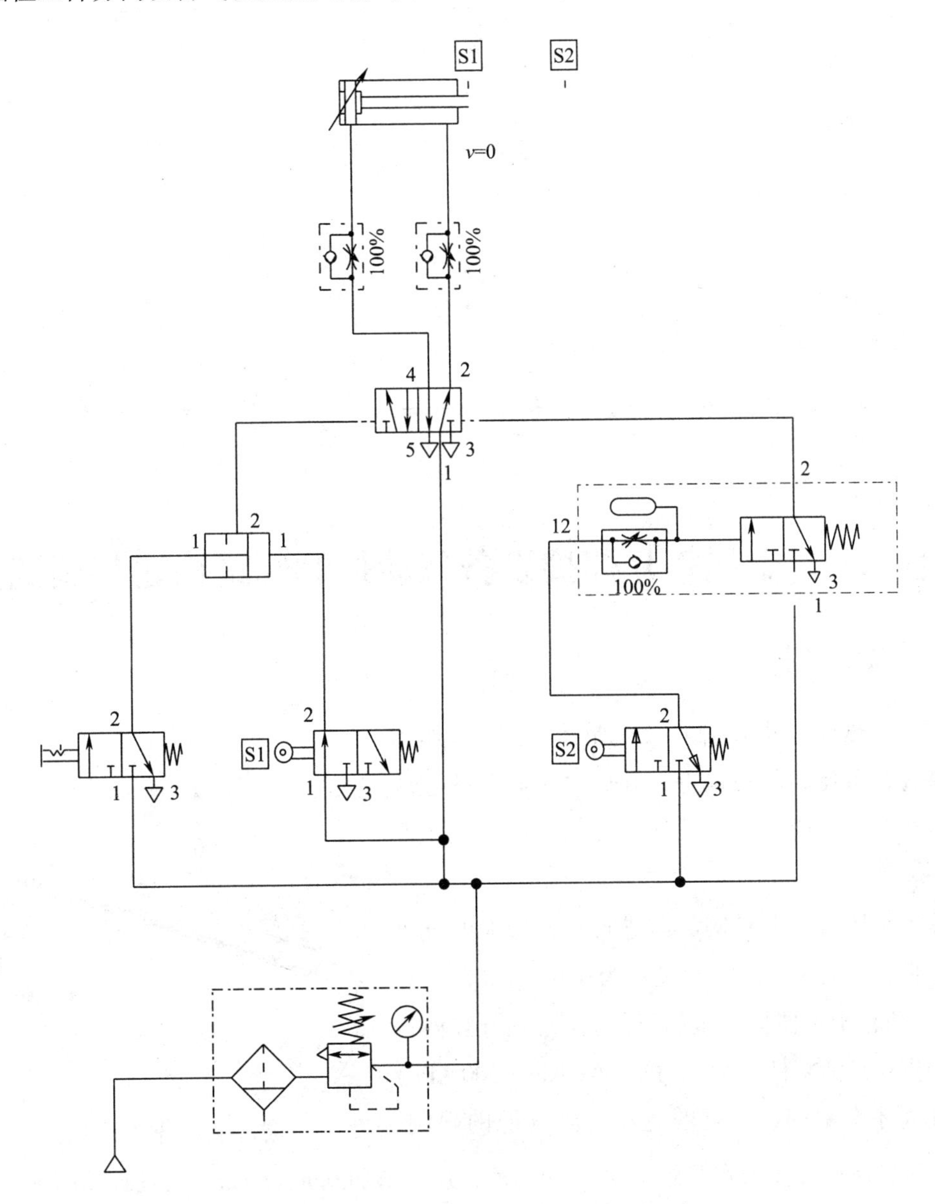

图 1—27　圆柱工件分离设备气动控制回路

【任务评价】

填写评价表 1—6。

表 1—6　　　　　　圆柱工件分离设备气动控制回路构建与调试实训

评价方面	分值	自我评价	小组互评	教师评价	得分
方案设计	10 分				
气动控制回路模拟仿真调试	20 分				
元器件的安装	10 分				
气动控制回路构建调试	20 分				
执行元件动作过程	20 分				
学习态度	10 分				
文明生产	10 分				

任务 7　金属箔片焊接设备气动控制回路构建与调试

【任务描述】

一个电热焊接器如图 1—28 所示，通过双作用气缸被放在可旋转的滚筒上，开始对滚筒上的金属箔片进行焊接。请为其设计气动控制回路，控制要求如下：

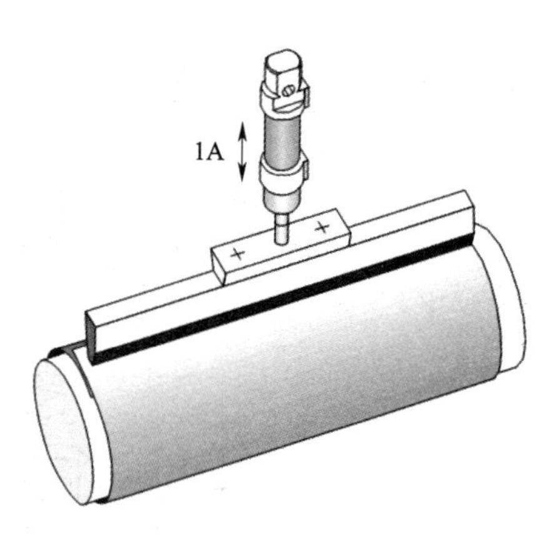

图 1—28　电热焊接器

按下按钮可以激励阀的前进行程。最大的气缸力通过带有压力表的减压阀设定为 4 bar（400 kPa）（这可以防止焊接器损坏金属滚筒）。直到气缸前进到末端位置且活塞杆上的压力达到 3 bar（300 kPa）时，气缸才会缩回。气缸的运动受到气源的限制。调节流量控制以使压力在开始运动 $t_1=3$ s 后，压力增加到 $p=3$ bar。当气缸缩回到末端位置时，在 $t_2=2$ s 后开始新的周期循环。切换旋钮式二位五通换向阀可以控制连续循环。

【任务分析】

通过本任务的实训，学员能够利用所学基本控制回路的知识设计金属箔片焊接设备气动控制回路，并掌握压力顺序阀和减压阀的选型和连接的技能。在调试的过程中要利用回路上的元件保证达到设备运行时的动作压力要求。

【相关知识】

1. 压力顺序阀

如图 1—29 所示，当控制口 12 上的压力信号达到设定值时，压力顺序阀动作，进气口 1 与工作口 2 接通。如果撤销控制口 12 上的压力信号，则压力顺序阀在弹簧作用下复位，进气口 1 被关闭。通过压力设定螺钉可无级调节设定控制信号压力大小。

2. 减压阀

如图 1—30 所示，减压阀可以在一定范围内对工作压力进行调节，并保持其不变。其中，压力表用于显示工作压力。

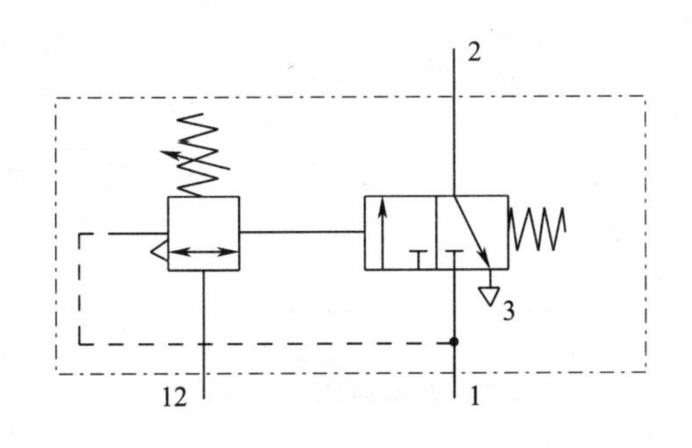

图 1—29　压力顺序阀图形符号

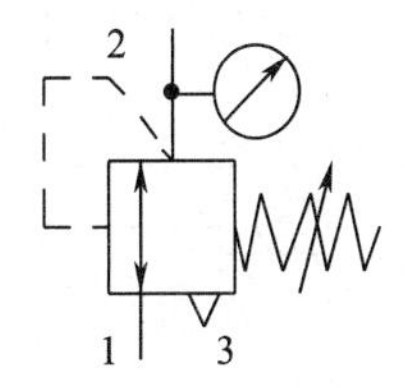

图 1—30　减压阀图形符号

【任务实施】

以小组为单位进行以下学习实训活动：

1. 认真分析任务描述，理清控制要求和动作逻辑关系。
2. 根据控制要求在 FluidSIM－P 仿真软件上进行气动控制回路的设计与调试。
3. 按照仿真设计的结果，在 FESTO 实训台上进行气动控制回路的构建。
4. 连接无误后，打开气源供气，观察气缸运行情况是否符合控制要求。
5. 对实训中出现的问题进行分析、讨论和解决，并做好相应记录。
6. 完成实训任务后，将元器件放回元件存储柜并进行检查整理。

【参考设计回路】

金属箔片焊接设备气动控制回路如图 1—31 所示。

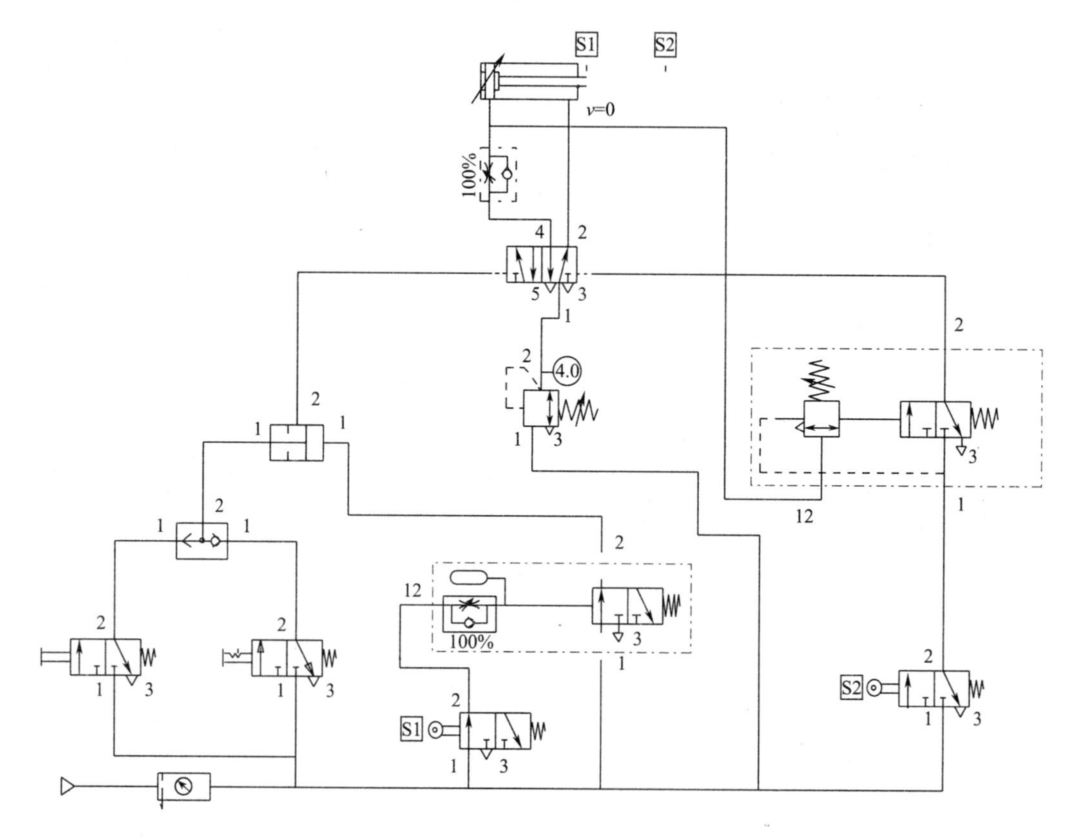

图 1—31　金属箔片焊接设备气动控制回路

【任务评价】

填写评价表 1—7。

表 1—7　　　　金属箔片焊接设备气动控制回路构建与调试实训

评价方面	分值	自我评价	小组互评	教师评价	得分
方案设计	10 分				
气动控制回路模拟仿真调试	20 分				
元器件的安装	10 分				
气动控制回路构建调试	20 分				
执行元件动作过程	20 分				
学习态度	10 分				
文明生产	10 分				

任务8　工件位置转换装置气动控制回路构建与调试

【任务描述】

大型块状铸造工件在工作线1或2上传送，如图1—32所示，按下按钮可以控制单作用气缸（1A）伸出。在1 s后再次按下另一个按钮，气缸缩回。弹簧复位的单气控换向阀为最终控制元件。通过气动自锁回路可以记忆前进信号。请为其设计气动控制回路。

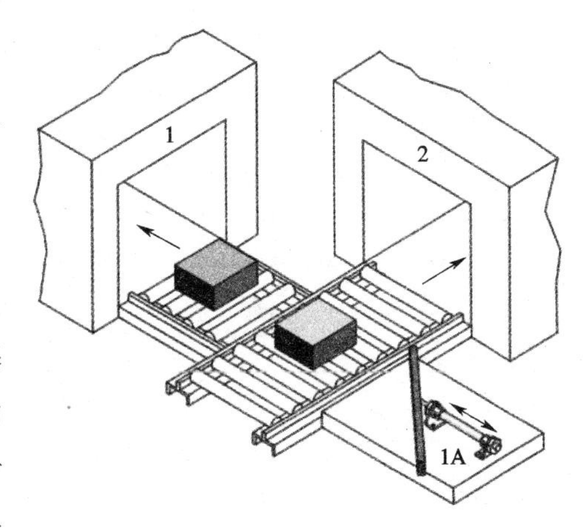

图1—32　工件位置转换装置

【任务分析】

通过本任务的实训，学员能够利用所学基本控制回路的知识设计工件位置转换装置气动控制回路，并掌握气动控制中自锁回路的设计方法。在调试的过程中要利用回路上的元件保证达到设备运行时的动作压力要求。

【相关知识】

气动控制自锁回路

气动控制自锁回路是指气动回路中为了保持执行元件能够固定在某一动作位置时，而设计的典型回路。

【任务实施】

以小组为单位进行以下学习实训活动：

1. 认真分析任务描述，理清控制要求和动作逻辑关系。
2. 根据控制要求在FluidSIM－P仿真软件上进行气动控制回路的设计与调试。
3. 按照仿真设计的结果，在FESTO实训台上进行气动控制回路的构建。
4. 连接无误后，打开气源供气，观察气缸运行情况是否符合控制要求。
5. 对实训中出现的问题进行分析、讨论和解决，并做好相应记录。

6. 完成实训任务后，将元器件放回元件存储柜并进行检查整理。

【参考设计回路】

工件位置转换装置气动控制自锁回路如图 1—33 所示。

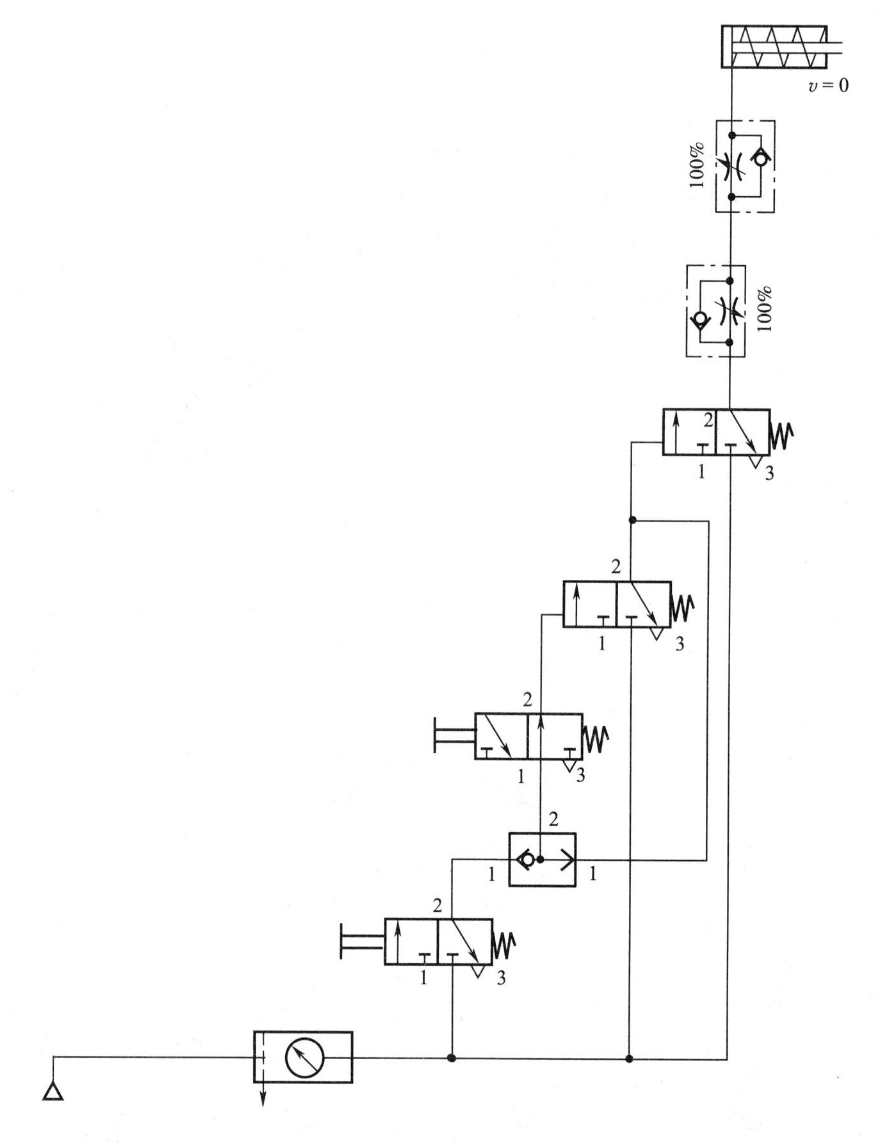

图 1—33　工件位置转换装置气动控制回路

【任务评价】

填写评价表 1—8。

表 1—8　　工件位置转换装置气动控制回路构建与调试实训

评价方面	分值	自我评价	小组互评	教师评价	得分
方案设计	10 分				
气动控制回路模拟仿真调试	20 分				
元器件的安装	10 分				
气动控制回路构建调试	20 分				
执行元件动作过程	20 分				
学习态度	10 分				
文明生产	10 分				

任务 9　颜料振荡器设备气动控制回路构建与调试

【任务描述】

将液体颜料倒入颜料桶后，将其送入振荡机，如图 1—34 所示。按下按钮后，伸出的气缸（1A）完全缩回，然后在气缸活动范围内作往返运动。振荡频率可以通过减压阀设定的气压大小来控制。请为其设计气动控制回路，控制要求如下：

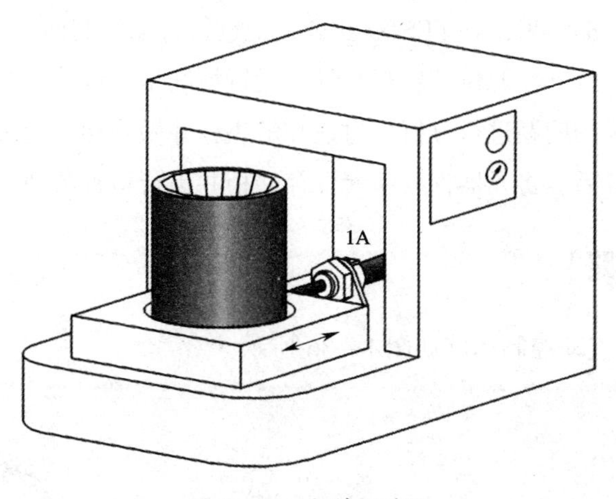

图 1—34　颜料振荡器

设定的工作压力 $p=4$ bar（400 kPa）。在一段时间间隔后，振荡停止，双作用气缸伸出。设定的振荡时间 $t=5$ s。

【任务分析】

通过此任务的实训，学员能够利用所学基本控制回路的知识对其进行设计，并理解气缸在行程范围内的快速运动。在调试的过程中要利用回路上的元件保证达到设备运行时的动作压力和时间要求。

【相关知识】

双气控二位五通阀

如图 1—35 所示，控制口 14 或 12 上有气压信号时，双气控二位五通阀换向，1 口与 4 口或 1 口与 2 口接通。双气控阀具有记忆功能。

这种阀是由 n 位五通换向阀派生而来，其位于“元件库”菜单下的“常用控制阀”中。

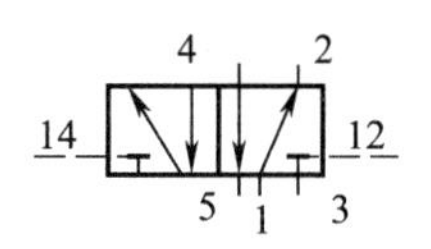

图 1—35　双气控二位五通阀图形符号

【任务实施】

以小组为单位进行以下学习实训活动：

1. 认真分析任务描述，理清控制要求和动作逻辑关系。
2. 根据控制要求在 FluidSIM – P 仿真软件上进行气动控制回路的设计与调试。
3. 按照仿真设计的结果，在 FESTO 实训台上进行气动控制回路的构建。
4. 连接无误后，打开气源供气，观察气缸运行情况是否符合控制要求。
5. 对实训中出现的问题进行分析、讨论和解决，并做好相应记录。
6. 完成实训任务后，将元器件放回元件存储柜并进行检查整理。

【参考设计回路】

颜料振荡器设备气动控制回路如图 1—36 所示。

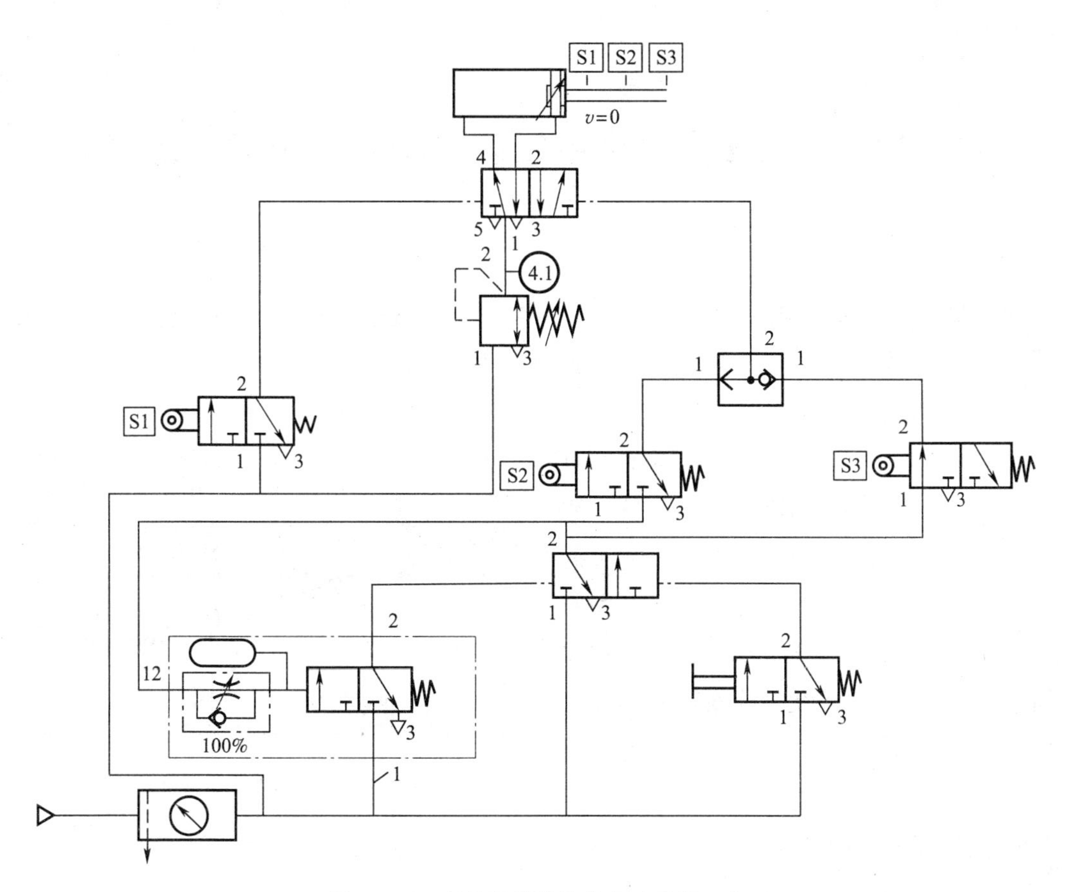

图 1—36　颜料振荡器设备气动控制回路

【任务评价】

填写评价表 1—9。

表 1—9　　　　颜料振荡器设备气动控制回路构建与调试实训

评价方面	分值	自我评价	小组互评	教师评价	得分
方案设计	10 分				
气动控制回路模拟仿真调试	20 分				
元器件的安装	10 分				
气动控制回路构建调试	20 分				
执行元件动作过程	20 分				
学习态度	10 分				
文明生产	10 分				

任务10　元件分离设备气动控制回路构建与调试

【任务描述】

如图1—37所示，圆柱形工件在导轨上一对一对地被送至下一个工作站，为了将它们两两分离，要激励两个双作用气缸。在初始位置，上部的气缸1A1缩回，下部的气缸1A2在伸出位置。开始信号驱动气缸1A1前进，气缸1A2缩回。两个工件一起送至下一个工作站。经过一个可调时间$t_1=1$ s后，同时气缸1A1缩回。当时间间隔$t_2=2$ s时，新的循环开始。按下按钮回路接通。另一个阀可以在单循环和连续循环间转换。在电源或气源发生故障时，千万不要重启分离工作站。请为该元件分离设备设计气动控制回路。

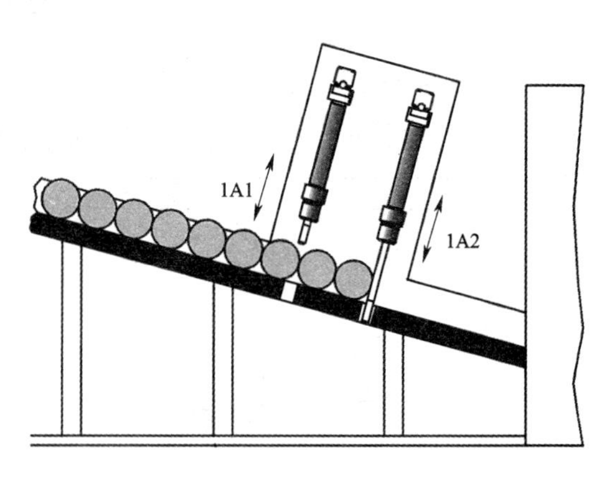

图1—37　元件分离设备

【任务分析】

通过本任务的实训，学员能够利用所学基本控制回路的知识设计元件分离设备气动控制回路，并理解气缸在行程范围内的快速运动。在调试的过程中要利用回路上的元件保证达到设备运行时的动作压力和时间要求。

【相关知识】

延时阀的功能及应用

如图1—38所示，延时阀由单气控二位三通阀、可调单向节流阀和小气室组成。当控制口12上的压力达到设定值时，单气控二位三通阀动作，进气口1与工作口2接通。

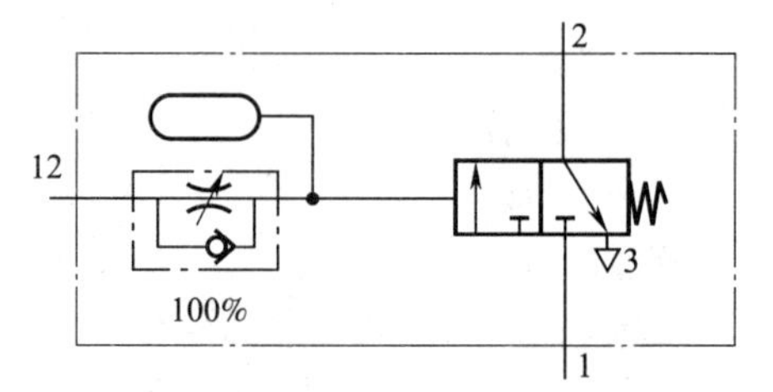

图1—38　延时阀图形符号

【任务实施】

以小组为单位进行以下学习实训活动：

1. 认真分析任务描述，理清控制要求和动作逻辑关系。
2. 根据控制要求在 FluidSIM - P 仿真软件上进行气动控制回路的设计与调试。
3. 按照仿真设计的结果，在 FESTO 实训台上进行气动控制回路的构建。
4. 连接无误后，打开气源供气，观察气缸运行情况是否符合控制要求。
5. 对实训中出现的问题进行分析、讨论和解决，并做好相应记录。
6. 完成实训任务后，将元器件放回元件存储柜并进行检查整理。

【参考设计回路】

元件分离设备气动控制回路如图 1—39 所示。

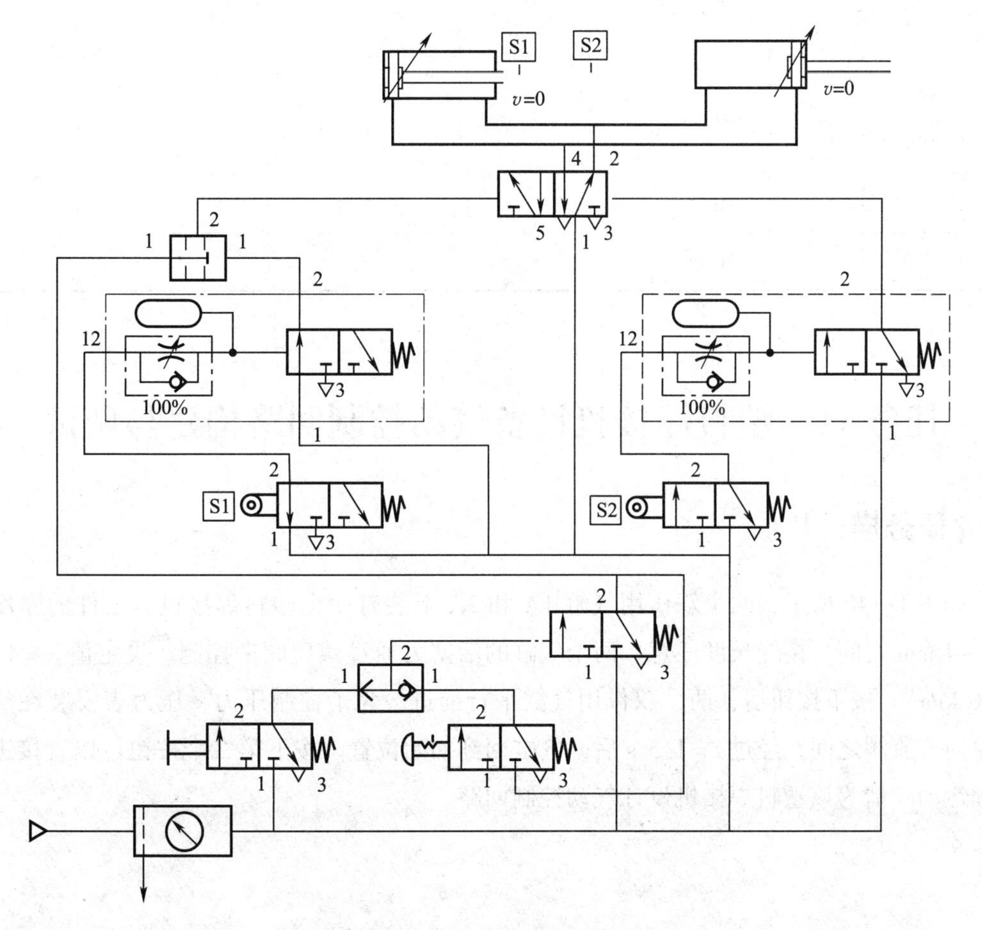

图 1—39 元件分离设备气动控制回路

【任务评价】

填写评价表1—10。

表1—10 元件分离设备气动控制回路构建与调试实训

评价方面	分值	自我评价	小组互评	教师评价	得分
方案设计	10分				
气动控制回路模拟仿真调试	20分				
元器件的安装	10分				
气动控制回路构建调试	20分				
执行元件动作过程	20分				
学习态度	10分				
文明生产	10分				

任务11 塑料焊接机设备气动控制回路构建与调试

【任务描述】

如图1—40所示，两个双作用气缸1A和2A上装有一个塑料焊接机。工件的厚度在1.5～4 mm之间。接缝长度任意。两个气缸的活塞力通过减压阀来控制。设定值 $p=4$ bar (400 kPa)。按下按钮后，两个双作用气缸平行前进。为了控制压力，压力表安装在气缸和单向节流阀之间。经过 $t=1.5$ s后，气缸回到初始位置。按下第二个按钮可以直接进行回程运动。请为该塑料焊接机设计气动控制回路。

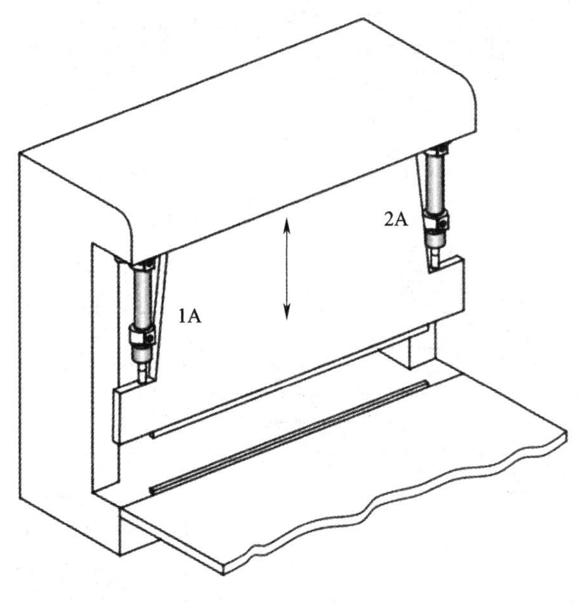

图 1—40　塑料焊接机

【任务分析】

通过本任务的实训，学员能够利用所学基本控制回路的知识设计塑料焊接机设备气动控制回路，并理解气缸在行程范围内的快速运动。在调试的过程中要利用回路上的元件保证达到设备运行时的动作压力和时间要求。

【任务实施】

以小组为单位进行以下学习实训活动：

1. 认真分析任务描述，理清控制要求和动作逻辑关系。
2. 根据控制要求在 FluidSIM - P 仿真软件上进行气动控制回路的设计与调试。
3. 按照仿真设计的结果，在 FESTO 实训台上进行气动控制回路的构建。
4. 连接无误后，打开气源供气，观察气缸运行情况是否符合控制要求。
5. 对实训中出现的问题进行分析、讨论和解决，并做好相应记录。
6. 完成实训任务后，将元器件放回元件存储柜并进行检查整理。

【参考设计回路】

塑料焊接机设备气动控制回路如图 1—41 所示。

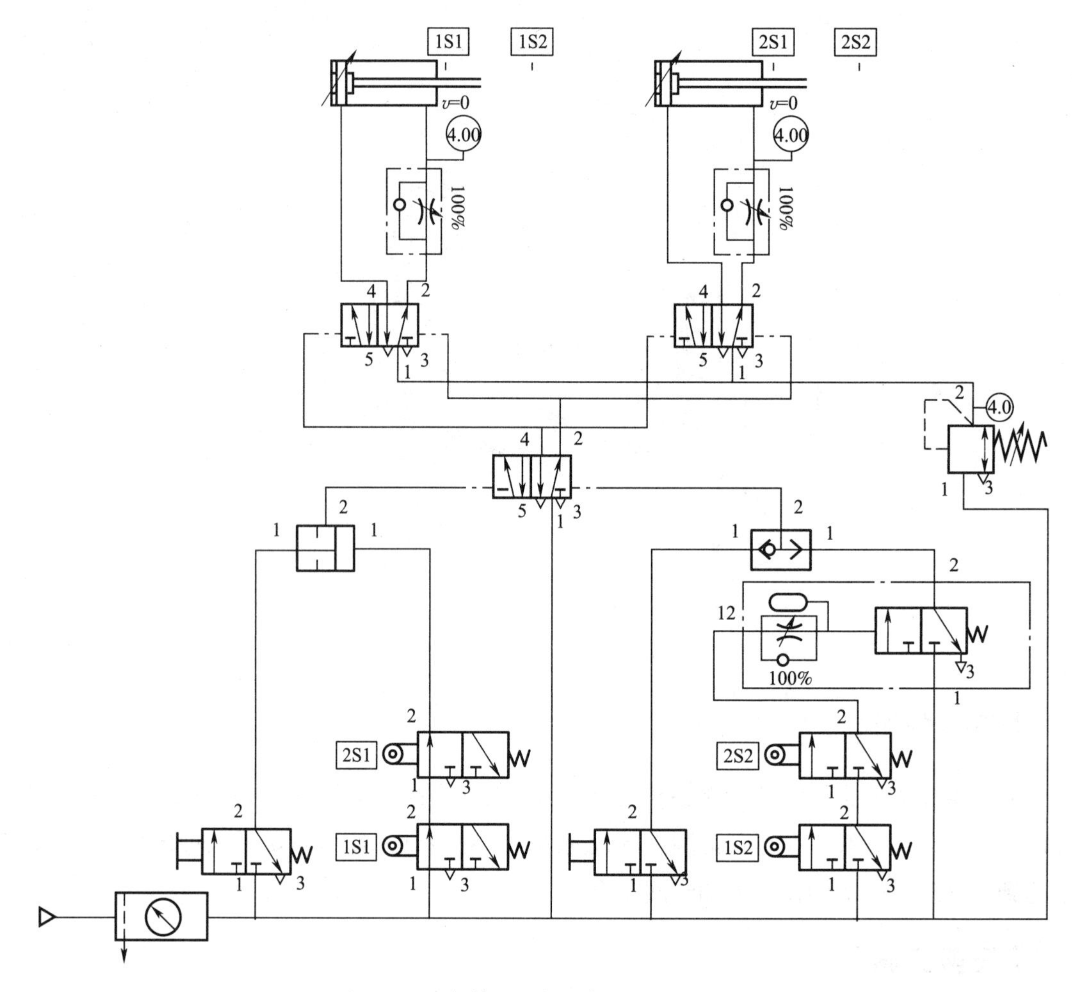

图 1—41　塑料焊接机设备气动控制回路

【任务评价】

填写评价表 1—11。

表 1—11　　　　塑料焊接机设备气动控制回路构建与调试实训

评价方面	分值	自我评价	小组互评	教师评价	得分
方案设计	10 分				
气动控制回路模拟仿真调试	20 分				
元器件的安装	10 分				
气动控制回路构建调试	20 分				

续表

评价方面	分值	自我评价	小组互评	教师评价	得分
执行元件动作过程	20 分				
学习态度	10 分				
文明生产	10 分				

任务 12　工件分类设备气动控制回路构建与调试

【任务描述】

如图 1—42 所示，工件从传送带上被送到两个振荡器上。上部的振荡器 1A 与下部的振荡器 2A 振荡方向相反。两个双作用气缸的振荡频率为 $f=1$ Hz。通过滚轮杠杆式行程阀来控制气缸的伸出和缩回。第三个单作用气缸 3A 控制两根导线。请为该工件分类设备设计气动控制回路。

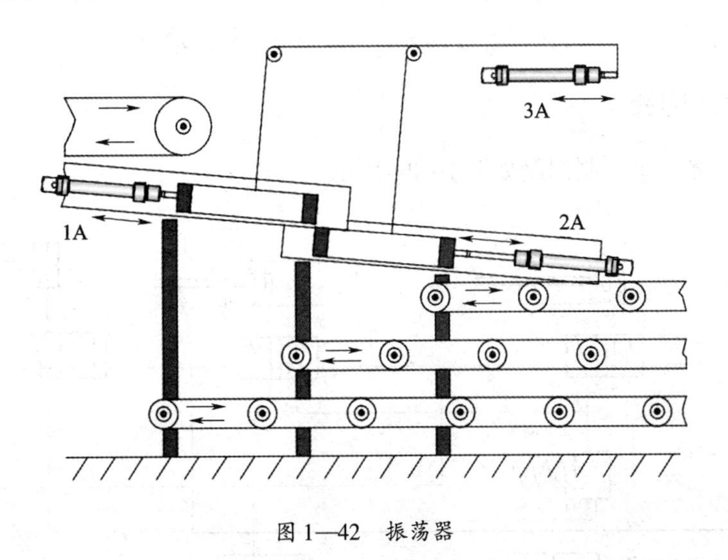

图 1—42　振荡器

【任务分析】

通过本任务的实训，学员能够利用所学基本控制回路的知识设计工件分类设备气动控制回路，并理解气缸在行程范围内的快速运动。在调试的过程中要利用回路上的元件保证达到设备运行时的动作压力和时间要求。

【相关知识】

双气控二位五通阀的功能及应用

如图 1—43 所示，控制口 14 或 12 上有气信号时，双气控二位五通阀换向，1 口与 4 口或 1 口与 2 口接通。双气控阀具有记忆功能。双气控二位五通阀是由 *n* 位五通换向阀派生而来的，其位于“元件库”菜单下的“常用控制阀”中。

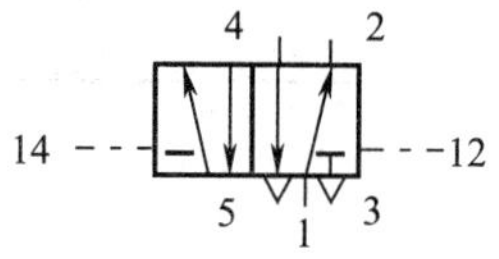

图 1—43　双气控二位五通阀图形符号

【任务实施】

以小组为单位进行以下学习实训活动：

1. 认真分析任务描述，理清控制要求和动作逻辑关系。
2. 根据控制要求在 FluidSIM－P 仿真软件上进行气动控制回路的设计与调试。
3. 按照仿真设计的结果，在 FESTO 实训台上进行气动控制回路的构建。
4. 连接无误后，打开气源供气，观察气缸运行情况是否符合控制要求。
5. 对实训中出现的问题进行分析、讨论和解决，并做好相应记录。
6. 完成实训任务后，将元器件放回元件存储柜并进行检查整理。

【参考设计回路】

工件分类设备气动控制回路如图 1—44 所示。

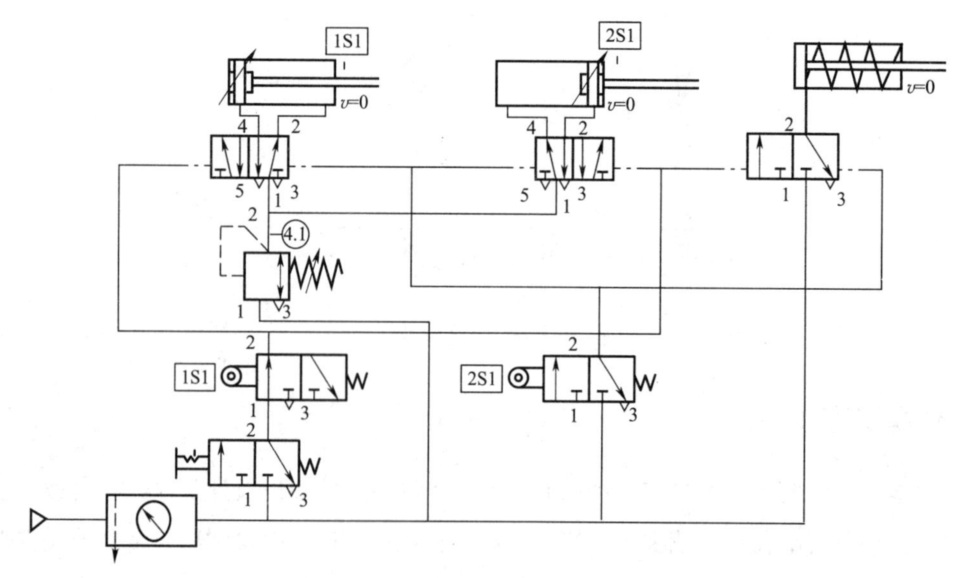

图 1—44　工件分类设备气动控制回路

【任务评价】

填写评价表1—12。

表1—12　　　　工件分类设备气动控制回路构建与调试实训

评价方面	分值	自我评价	小组互评	教师评价	得分
方案设计	10分				
气动控制回路模拟仿真调试	20分				
元器件的安装	10分				
气动控制回路构建调试	20分				
执行元件动作过程	20分				
学习态度	10分				
文明生产	10分				

任务13　激光切割机设备气动控制回路构建与调试

【任务描述】

如图1—45所示，厚度为0.6 mm的不锈钢工件放在输入站上。按下开始按钮后，送料气缸2A缩回，同时夹紧缸1A前进。两个气缸运动的循环时间 $t_1=0.5$ s。调节夹紧时间 $t_2=5$ s，激光切割机进行工作。工作结束后，夹紧缸缩回，送料缸将工件送出。换向阀的压力线 P_1 和 P_2 通过两个压力表进行监测。请为该激光切割机设计气动控制回路。

【任务分析】

通过本任务的实训，学员能够利用所学基本控制回路的知识设计激光切割机设备气动控制回路，并理解气缸在行程范围内的快速运动。在调试的过程中要利用回路上的元件保证达到设备运行时的动作压力和时间要求。

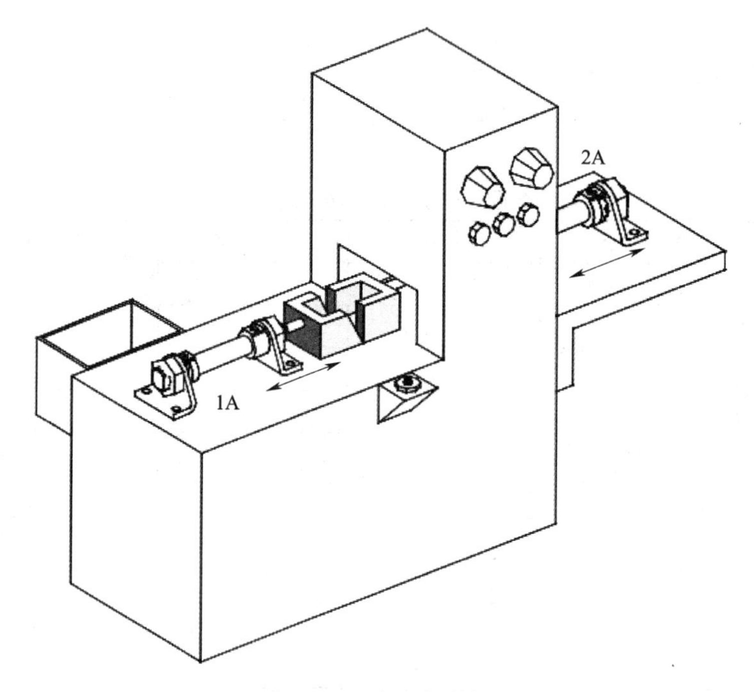

图 1—45　激光切割机

【相关知识】

滚轮杠杆阀的应用

如图 1—46 所示，按下杠杆（如通过凸轮），驱动滚轮杠杆阀动作，1 口与 2 口接通。释放杠杆后，在复位弹簧作用下，滚轮杠杆阀复位，即 1 口与 2 口关闭。在仿真模式中，单击滚轮杠杆阀可以手动将其切换，并不需要凸轮驱动。这种阀是 n 位三通换向阀的派生型，其位于“元件库”菜单下的“常用换向阀”中。

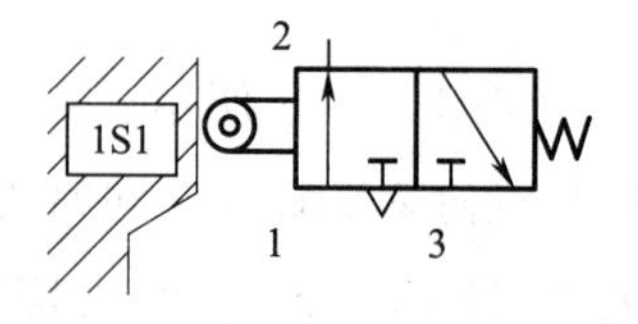

图 1—46　滚轮杠杆阀图形符号

【任务实施】

以小组为单位进行以下学习实训活动：

1. 认真分析任务描述，理清控制要求和动作逻辑关系。
2. 根据控制要求在 FluidSIM－P 仿真软件上进行气动控制回路的设计与调试。
3. 按照仿真设计的结果，在 FESTO 实训台上进行气动控制回路的构建。
4. 连接无误后，打开气源供气，观察气缸运行情况是否符合控制要求。

5. 对实训中出现的问题进行分析、讨论和解决，并做好相应记录。

6. 完成实训任务后，将元器件放回元件存储柜并进行检查整理。

【参考设计回路】

激光切割机设备气动控制回路如图 1—47 所示。

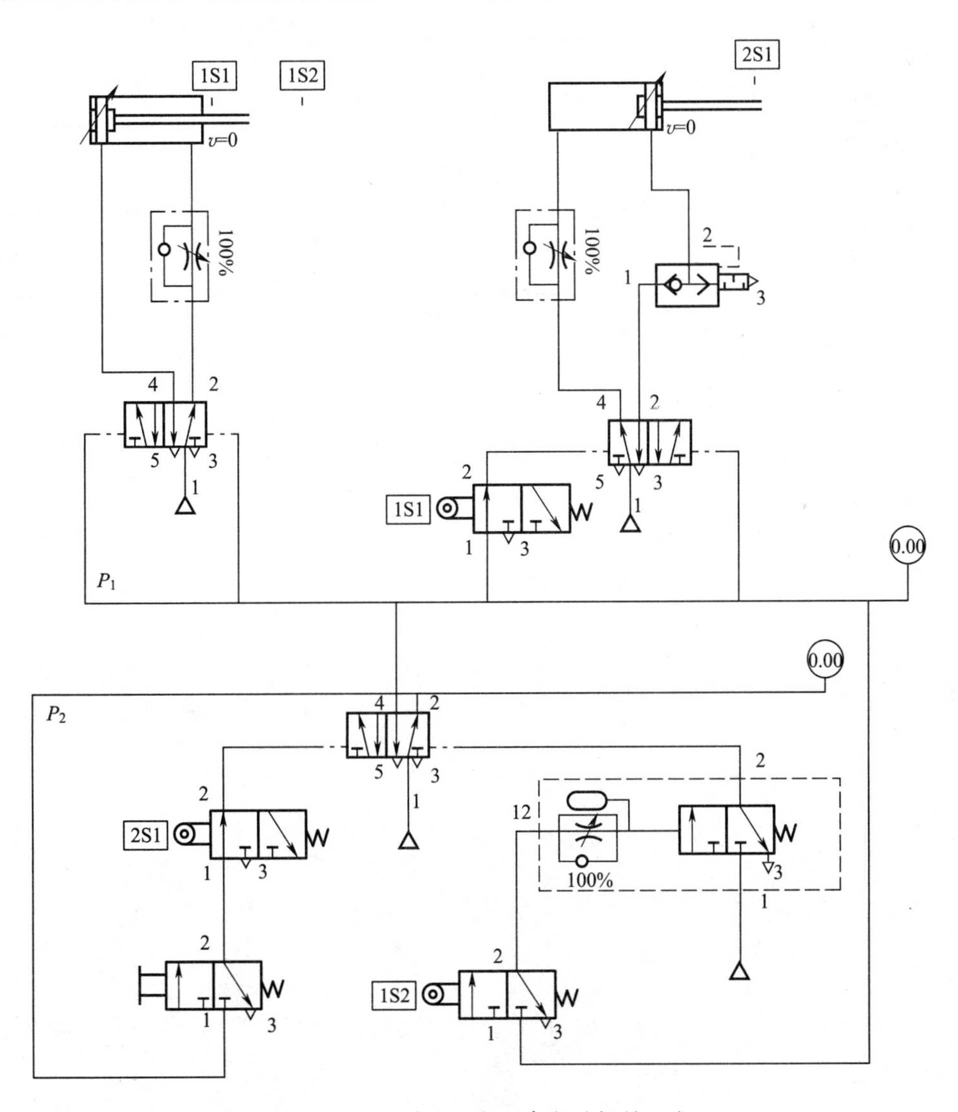

图 1—47　激光切割机设备气动控制回路

【任务评价】

填写评价表 1—13。

表 1—13　　激光切割机设备气动控制回路构建与调试实训

评价方面	分值	自我评价	小组互评	教师评价	得分
方案设计	10 分				
气动控制回路模拟仿真调试	20 分				
元器件的安装	10 分				
气动控制回路构建调试	20 分				
执行元件动作过程	20 分				
学习态度	10 分				
文明生产	10 分				

项目二

电气气动控制技术实训

实训内容

1. 通过继电器电路控制气动装置运行。
2. 电气与气动一体化控制任务的设计、构建与调试。

实训目标

1. 掌握 FESTO 仿真软件的应用。
2. 掌握继电器电路的设计、连接与调试方法。
3. 掌握电气与气动一体化控制系统的设计与调试技能。

实训设备

FESTO 电气气动实训设备、FESTO 仿真软件。

实训指导

电气气动控制自动化设备是机电一体化装备的重要组成部分，被广泛应用于现代工业的食品制造流水线等制造生产中。电气气动控制技术已成为现代工业控制中不可或缺的自动控制技术。在气压传动系统中工作部件之所以能按照设计要求完成动作，是通过对气动执行元件的运动方向、速度以及压力大小的控制和调节来实现的。而在电气气动控制系统中，工作部件的运动则是按照事先设计并调试好的继电器控制电路来完成的。

本项目的实训中，学员要掌握 FESTO 仿真软件的应用，掌握继电器电路的设计、连接与调试方法，并通过继电器电路实现电气与气动一体化控制。

任务 1　开闭装置电气气动控制回路构建与调试

【任务描述】

如图 2—1 所示的管道阀门通过气缸的伸缩运行来实现阀门的打开和关闭，请为其设计气动控制回路和继电器控制回路。

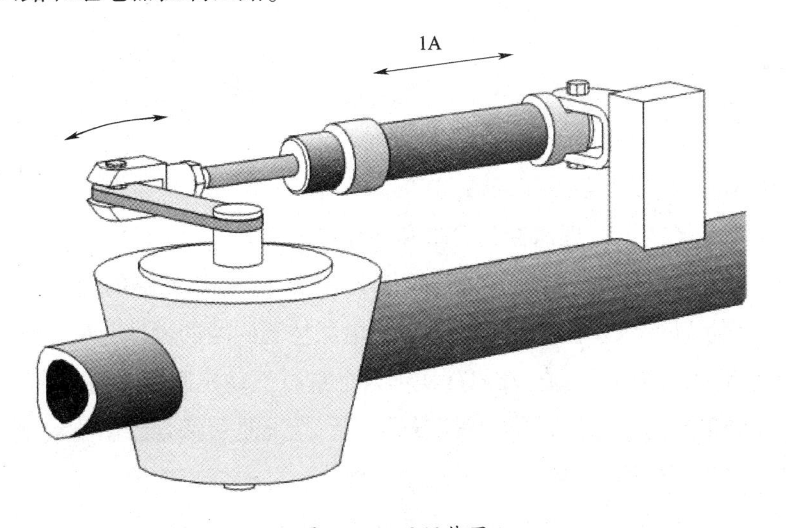

图 2—1　开闭装置

【任务分析】

根据任务描述要求，我们选用电磁换向阀来控制气缸的伸出和缩回，从而控制阀门的打开和关闭运行。控制要求为：按下按钮 SB1，气缸伸出阀门打开；松开按钮 SB1，气缸缩回阀门关闭。在调试的过程中要利用回路上的元件保证达到设备运行时的动作顺序要求。

【相关知识】

1．按钮

按钮是一种最常用的人工控制的主令电器，主要用来发布操作命令、接通或断开控制电路、控制机械与电气设备的运行。

2．电磁换向阀

电磁换向阀是通过内部的电磁铁的衔铁直接驱动阀芯动作，从而改变气体的流动方向的一种阀。电磁铁是电磁换向阀里的关键元件，它能将按钮的机械信号转变为电信号从而控制阀芯的动作，目的是改变气体的流动方向，最终控制气缸的伸出和缩回运行。电磁换向阀可分为单电控电磁换向阀和双电控电磁换向阀。

3．二位五通单电控电磁阀

如图 2—2 所示，电磁线圈得电，单电控二位五通阀的 1 口与 4 口接通。电磁线圈失电，单电控二位五通阀在弹簧作用下复位，则 1 口与 2 口关闭。如果没有电压作用在电磁线圈上，则单电控二位五通阀可以手动驱动。

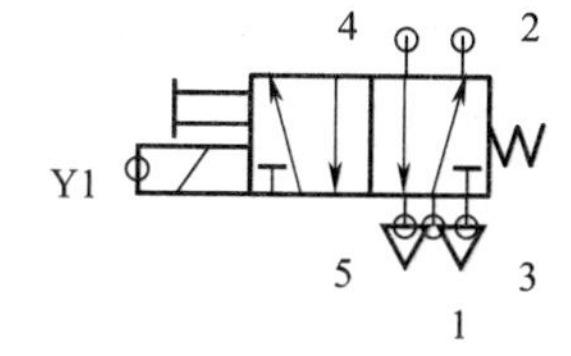

图 2—2　二位五通单电控电磁阀图形符号

【任务实施】

以小组为单位进行以下学习实训活动：

1．认真分析任务描述，理清控制要求和动作逻辑关系。
2．根据控制要求在 FluidSIM－P 仿真软件上进行气动控制回路的设计与调试。
3．根据控制运动要求在仿真软件上进行继电器控制回路的设计与调试。
4．按照仿真设计的结果，在 FESTO 实训台上进行气动控制回路的构建。
5．连接无误后，打开气源供气，观察气缸运行情况是否符合控制要求。
6．对实训中出现的问题进行分析、讨论和解决，并做好相应记录。
7．完成实训任务后，将元器件放回元件存储柜并进行检查整理。

【参考设计回路】

开闭装置电气气动控制回路如图 2—3 所示。

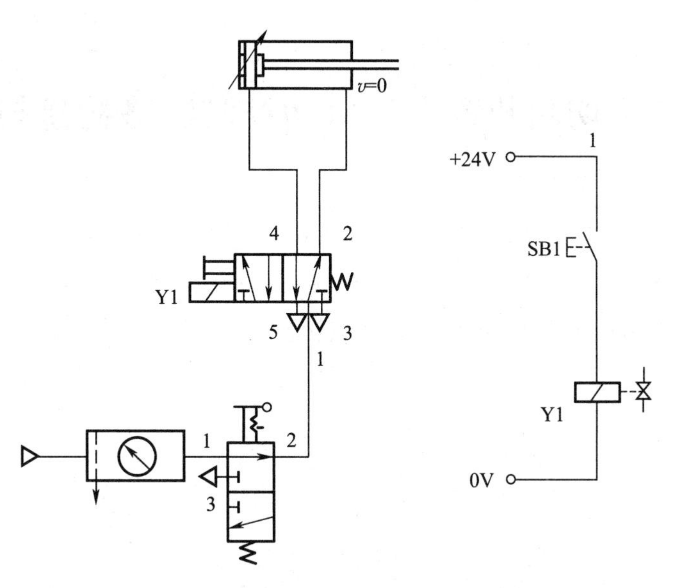

图 2—3　开闭装置电气气动控制回路

【任务评价】

填写评价表 2—1。

表 2—1　　开闭装置电气气动控制回路构建与调试实训

评价方面	分值	自我评价	小组互评	教师评价	得分
方案设计	10 分				
气动控制回路 模拟仿真调试	20 分				
元器件的安装	10 分				
气动控制回路 构建调试	20 分				
执行元件 动作过程	20 分				
学习态度	10 分				
文明生产	10 分				

任务2　切割装置电气气动控制回路构建与调试

【任务描述】

切割装置如图2—4所示。按下两个启动按钮后，切割刀前进对纸张进行剪切。松开按钮后，切割刀退回到起始位置。请为该切割装置配置安装一套电气和气动控制装置。

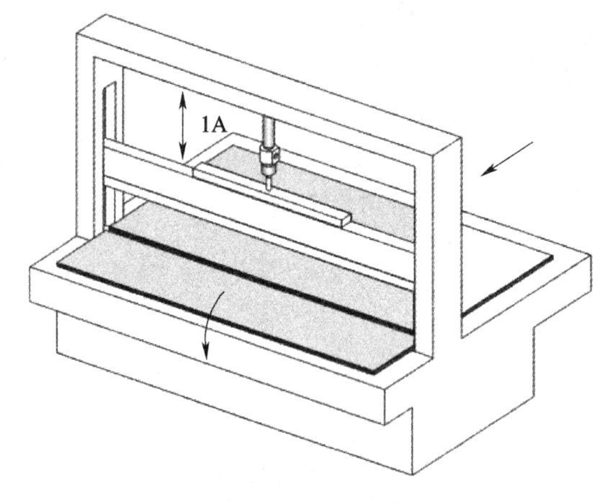

图2—4　切割装置

【任务分析】

通过本任务的描述，为了使切割装置能够正常的工作，我们为其配置安装一套电气气动一体化控制系统，控制要求为：按下两个启动按钮后，切割刀前进对纸张进行剪切；松开按钮后，切割刀退回到起始位置。在调试的过程中要利用回路上的元件保证达到设备运行时的动作顺序要求。

【任务实施】

以小组为单位进行以下学习实训活动：

1. 认真分析任务描述，理清控制要求和动作逻辑关系。
2. 根据控制要求在FluidSIM－P仿真软件上进行气动控制回路的设计与调试。
3. 根据控制运动要求在仿真软件上进行继电器控制回路的设计与调试。
4. 按照仿真设计的结果，在FESTO实训台上进行气动控制回路的构建。

5. 连接无误后，打开气源供气，观察气缸运行情况是否符合控制要求。
6. 对实训中出现的问题进行分析、讨论和解决，并做好相应记录。
7. 完成实训任务后，将元器件放回元件存储柜并进行检查整理。

【参考设计回路】

切割装置电气气动控制回路如图 2—5 所示。

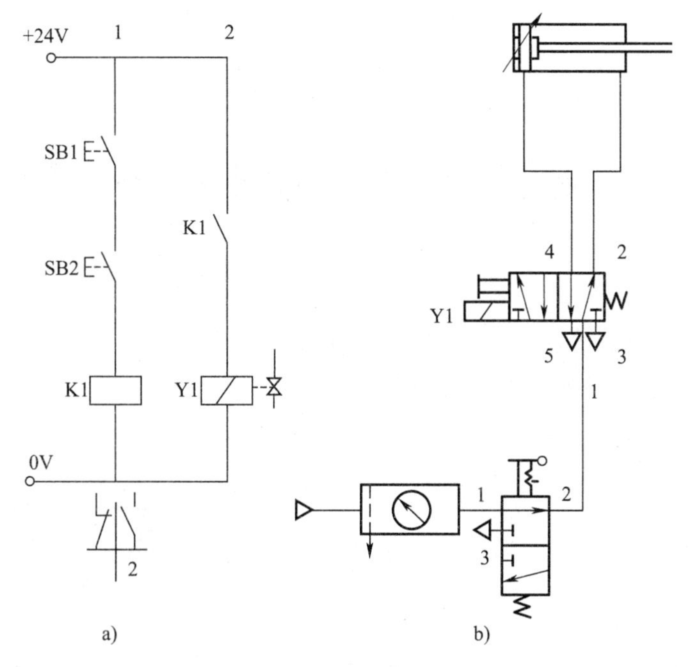

图 2—5 切割装置电气气动控制回路
a）电气控制回路 b）气动控制回路

【任务评价】

填写评价表 2—2。

表 2—2 切割装置电气气动控制回路构建与调试实训

评价方面	分值	自我评价	小组互评	教师评价	得分
方案设计	10 分				
气动控制回路模拟仿真调试	20 分				
元器件的安装	10 分				

续表

评价方面	分值	自我评价	小组互评	教师评价	得分
气动控制回路构建调试	20分				
执行元件动作过程	20分				
学习态度	10分				
文明生产	10分				

任务3　翻转装置电气气动控制回路构建与调试

【任务描述】

如图2—6所示为翻转装置，使用倾斜装置使液体在容器中流动。按下启动按钮后，容器倾斜，液体产生流动。松开按钮后，容器返回到水平位置。请为该翻转装置设计气动控制回路和电气控制回路。

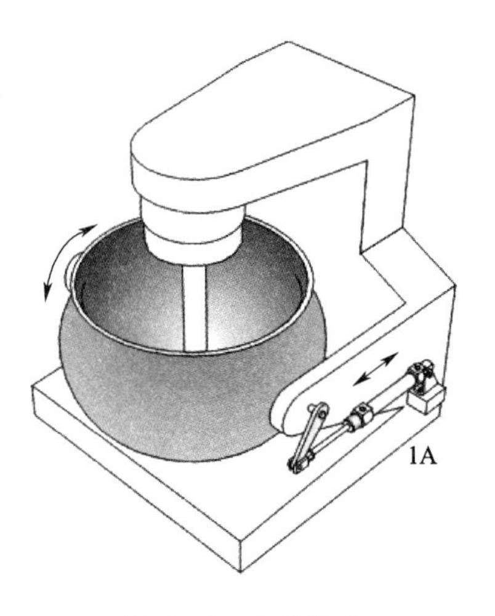

图2—6　翻转装置

【任务分析】

通过此任务的描述，在设计时，考虑采用继电器电路对电磁换向阀进行有效的运动控制，最终使得气缸活塞杆能够正确的动作。在调试的过程中要利用回路上的元件保证达到设备运行时的动作顺序要求。

【任务实施】

以小组为单位进行以下学习实训活动：

1. 认真分析任务描述，理清控制要求和动作逻辑关系。
2. 根据控制要求在FluidSIM－P仿真软件上进行气动控制回路的设计与调试。
3. 根据控制运动要求在仿真软件上进行继电器控制回路的设计与调试。
4. 按照仿真设计的结果，在FESTO实训台上进行气动控制回路的构建。
5. 连接无误后，打开气源供气，观察气缸运行情况是否符合控制要求。
6. 对实训中出现的问题进行分析、讨论和解决，并做好相应记录。

7. 完成实训任务后，将元器件放回元件存储柜并进行检查整理。

【参考设计回路】

翻转装置电气气动控制回路如图 2—7 所示。

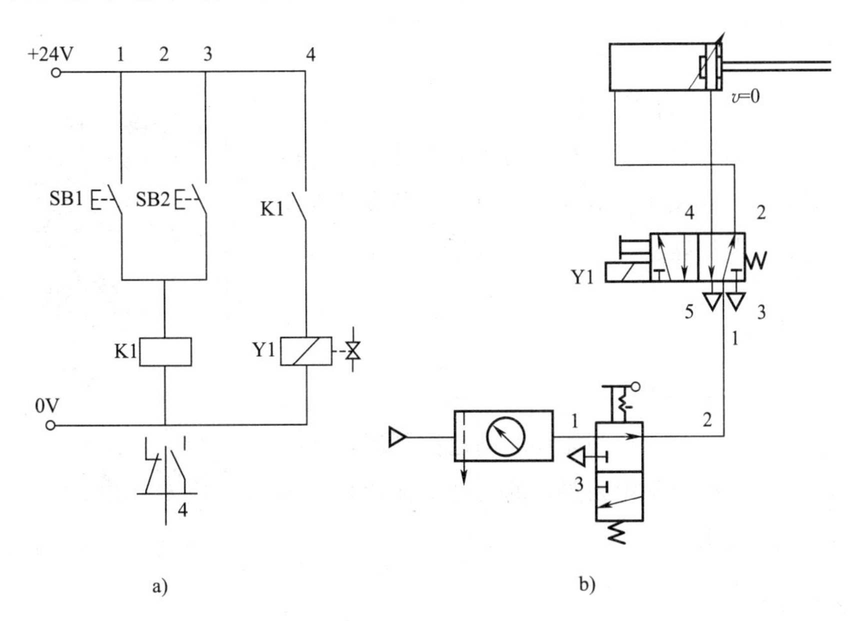

图 2—7 翻转装置电气气动控制回路

a）电气控制回路 b）气动控制回路

【任务评价】

填写评价表 2—3。

表 2—3 翻转装置电气气动控制回路构建与调试实训

评价方面	分值	自我评价	小组互评	教师评价	得分
方案设计	10 分				
气动控制回路模拟仿真调试	20 分				
元器件的安装	10 分				
气动控制回路构建调试	20 分				
执行元件动作过程	20 分				
学习态度	10 分				
文明生产	10 分				

任务4　散料斗设备电气气动控制回路构建与调试

【任务描述】

如图2—8所示为散料斗，颗粒状材料从料斗中清空。按下启动按钮后，料斗打开，颗粒状材料从料斗漏出。按下另一个按钮后，料斗关闭。请为该散料斗设备设计气动控制回路和电气控制回路。

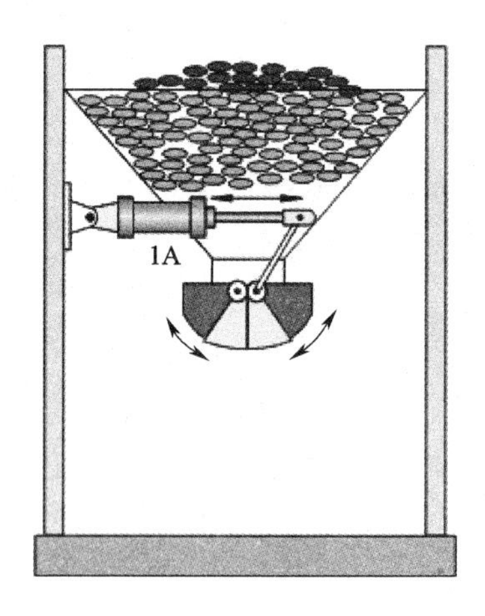

图2—8　散料斗设备

【任务分析】

通过对任务描述的分析，我们在选择元器件时采用二位五通双电控电磁阀，此电磁阀能够准确地控制活塞杆的运动。在调试的过程中要利用回路上的元件保证达到设备运行时的动作顺序要求。

【相关知识】

二位五通双电控电磁阀

如图2—9所示，电磁线圈得电，双电控二位五通阀的1口与4口接通，且具有记忆功能。只有当另一个电磁线圈得电，双电控二位五通阀才复位，即1口与2口接通。如果没有电压作用在电磁线圈上，则双电控二位五通阀可以手动驱动。

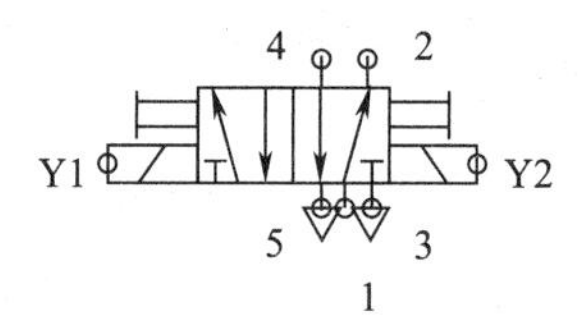

图2—9　二位五通双电控电磁阀图形符号

【任务实施】

以小组为单位进行以下学习实训活动：

1. 认真分析任务描述，理清控制要求和动作逻辑关系。
2. 根据控制要求在FluidSIM－P仿真软件上进行气动控制回路的设计与调试。
3. 根据控制运动要求在仿真软件上进行继电器控制回路的设计与调试。
4. 按照仿真设计的结果，在FESTO实训台上进行气动控制回路的构建。
5. 连接无误后，打开气源供气，观察气缸运行情况是否符合控制要求。

6. 对实训中出现的问题进行分析、讨论和解决，并做好相应记录。
7. 完成实训任务后，将元器件放回元件存储柜并进行检查整理。

【参考设计回路】

散料斗设备电气气动控制回路如图 2—10 所示。

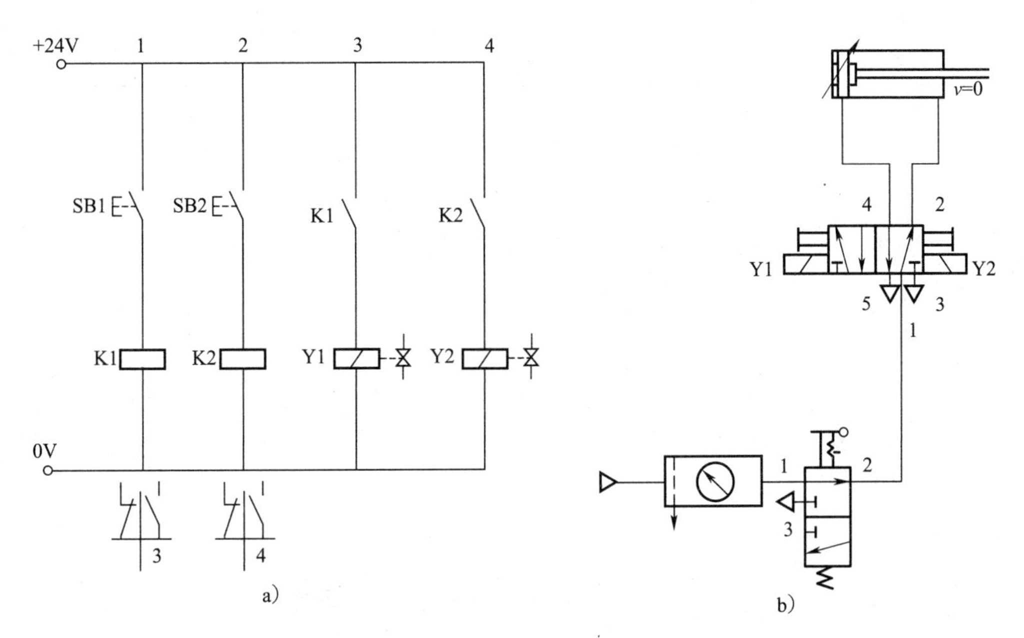

图 2—10　散料斗设备电气气动控制回路

a）电气控制回路　b）气动控制回路

【任务评价】

填写评价表 2—4。

表 2—4　　　　散料斗设备电气气动控制回路构建与调试实训

评价方面	分值	自我评价	小组互评	教师评价	得分
方案设计	10 分				
气动控制回路模拟仿真调试	20 分				
元器件的安装	10 分				
气动控制回路构建调试	20 分				

续表

评价方面	分值	自我评价	小组互评	教师评价	得分
执行元件动作过程	20 分				
学习态度	10 分				
文明生产	10 分				

项目三

PLC 气动控制技术实训

实训内容

1. SIEMENS S7－300 PLC 控制气动装置运行。

2. 典型 PLC 程序的编写与调试。

3. PLC 与电气气动一体化控制系统的设计、构建与调试。

实训目标

1. 掌握 SIMATIC Manager Step7 编程软件的应用。

2. 掌握 S7－300 编程基本指令的应用。

3. 掌握 PLC 与电气气动一体化控制系统的设计与调试技能。

实训设备

FESTO 电气气动实训设备、FESTO 仿真软件、SIEMENS S7－300 PLC。

实训指导

PLC 气动控制电气自动化设备是机电一体化装备的重要组成部分，被广泛应用于现代工业的各个行业中。PLC 气动控制技术已成为现代工业控制中不可缺少的自动控制技术。在气压传动系统中，工作部件之所以能按设计要求完成动作，是通过对气动执行元件的运动方向、速度以及压力等的控制和调节来实现的。而在 PLC 电气气动控制系统中，工作部件的运动则是按照事先编写并调试正确的 PLC 程序来运行的。

在当今现代化自动工业控制领域中，PLC 已经成为核心控制装置。由于 PLC 的使用使得硬件设备大为简化，软件控制功能日趋强大，控制更加智能化。

在本项目的实训中，学员要掌握 SIEMENS S7－300 PLC 的编程与应用，能够熟练使用 PLC 的基本编程指令，并能根据运行设备的运动控制要求进行 PLC 程序的编写以及电气和气动控制回路的设计、构建与调试。

任务1　供料装置的 PLC 气动控制回路构建与调试

【任务描述】

某流水线供料装置结构示意图如图 3—1 所示，主要由推料气缸 1 A、料仓等组成。当按下启动按钮后，推料气缸活塞杆伸出，将最底层的物料推出料仓；当物料被推到指定位置时，推料气缸活塞杆快速返回到位；到位后气缸再次伸出，往复动作进行推料。请为该供料装置设计一套气动控制回路，并利用 PLC 进行编程控制。

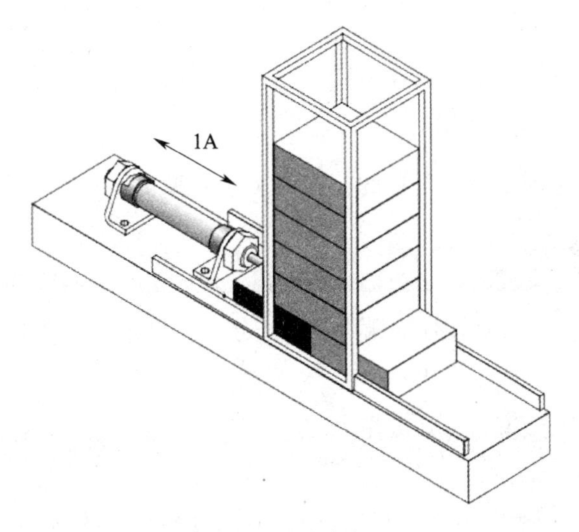

图 3—1　供料装置

【任务分析】

通过任务描述可知，在编写 PLC 程序时要严格地按照供料装置的动作要求进行编程。此设备通过 PLC 来完成推料气缸的动作控制，因此需要采用电磁换向阀来接收 PLC 发出的控制信号。

【相关知识】

1. SIMATIC S7－300 PLC 简介

（1）S7－300 PLC 硬件结构

S7－300 为标准模块式结构化 PLC，各种模块相互独立，并安装在固定的机架上，构成一个完整的 PLC 应用系统，如图 3—2 所示。

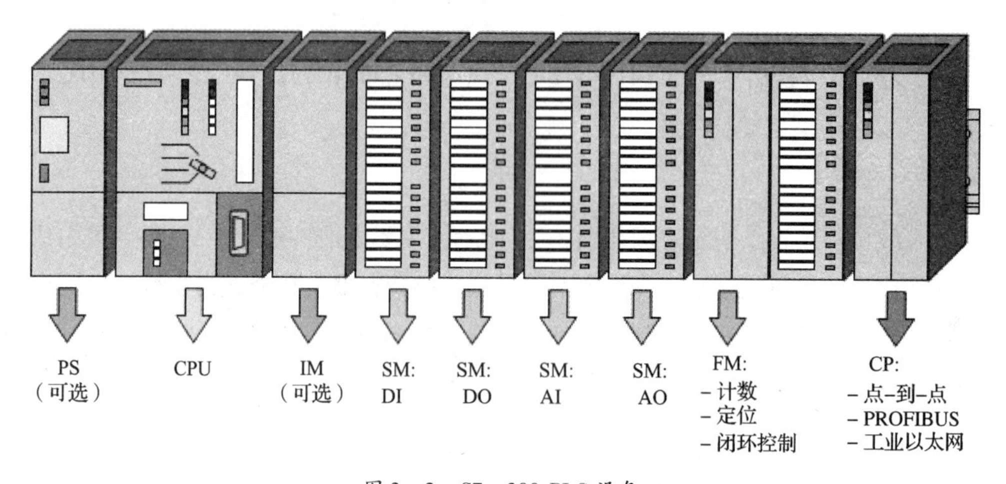

图 3—2　S7－300 PLC 设备

（2）S7－300 CPU 313C－2DP

此型号的 PLC 是实训设备上配置的，它属于紧凑型 PLC。PS 电源模块集成在 PLC 的内部。

此型号的 PLC 带有集成的数字量输入和输出，以及 PROFIBUS DP 主/从接口，并具有与过程相关的功能，可以完成具有特殊功能的任务，可以连接标准 I/O 设备。CPU 运行时需要微存储卡 MMC。

（3）S7－300 CPU 313C－2DP 操作

1）模式选择开关

RUN：运行模式。在此模式下，CPU 执行用户程序，还可以通过编程设备读出、监控用户程序，但不能修改用户程序。

STOP：停机模式。在此模式下，CPU 不执行用户程序，但可以通过编程设备（如装有 STEP 7 的 PG、装有 STEP 7 的计算机等）从 CPU 中读出或修改用户程序。

MRES：存储器复位模式。该位置不能保持，当开关在此位置释放时将自动返回到 STOP 位置。

2）状态及故障显示

SF（红色）：系统出错/故障指示灯。CPU 硬件或软件错误时亮。

BF（红色）：电池故障指示灯（只有 CPU313 和 CPU314 配备）。当电池失效或未装入时，指示灯亮。

DC5V（绿色）：+5 V 电源指示灯。CPU 和 S7－300 总线的 5 V 电源正常时亮。

FRCE（黄色）：强制作业有效指示灯。至少有一个 I/O 被强制状态时亮。

RUN（绿色）：运行状态指示灯。CPU 处于 RUN 状态时亮；LED 在 Startup 状态时，以 2 Hz 频率闪烁；在 HOLD 状态时，以 0.5 Hz 频率闪烁。

STOP（黄色）：停止状态指示灯。CPU 处于 STOP、HOLD 或 Startup 状态时亮；在存储器复位时，LED 以 0.5 Hz 频率闪烁；在存储器置位时，LED 以 2 Hz 频率闪烁。

2. S7－300 位逻辑指令应用

位逻辑指令处理两个数字：1 和 0，它们是构成二进制数字系统的基础，把数字 1 和 0 称为二进制数字或二进制位。在接点与线圈领域，1 表示动作或通电，0 表示未动作或未通电。

（1）┤├常开接点（地址）

当保存在指定 <地址> 中的位值等于 1 时，┤├（常开接点）闭合。当接点闭合时，梯形逻辑级中的信号流经接点，逻辑运算结果（RLO）为 1。

相反，如果指定 <地址> 的信号状态为 0，接点打开。当接点打开时，没有信号流经接点，逻辑运算结果（RLO）为 0。

串联使用时，┤├通过“与”（AND）逻辑链接到 RLO 位。并联使用时，┤├通过“或”（OR）逻辑链接到 RLO 位。

（2）–( )输出线圈

–( )（输出线圈指令）像继电器逻辑图中的线圈一样作用。如果有电流流过线圈（RLO＝1），位置 <地址> 处的位则被置 1。如果没有电流流过线圈（RLO＝0），位置 <地址> 处的位则被清 0。输出线圈只能放置在梯形逻辑级的右端。也可以有多个输出元素（最多 16 个）。使用┤NOT├（信号流反向）元素，可以生成求反输出。

3. S7－300 硬件组态

（1）新建项目，起名并保存（尽量不要包括中文）

双击桌面上的 SIMATIC Manager 图标，启动西门子 PLC 编程软件。

第一次使用编程软件，会启动 Step 7 向导，如果不使用向导进行硬件组态，请选择“取消”。

在新的项目管理器（SIMATIC Manager）界面中选择“文件”→“新建”或单击“新建项目/库”图标，打开新建项目窗口，输入新项目名称。注意：在该窗口可以看到项目所存储的路径。

（2）插入 SIMATIC 300 站点以及 HMI 站点等

在新项目的工作界面中，选中新项目，从菜单栏中选择“插入”→“站点”→“2 SIMATIC 300 站点”（或者在项目名称上直接右击，选择“插入新对象”，然后选择“SIMATIC 300 站点”），将会在该项目中插入一个 SIMATIC 300 站点，如图 3—3 所示。

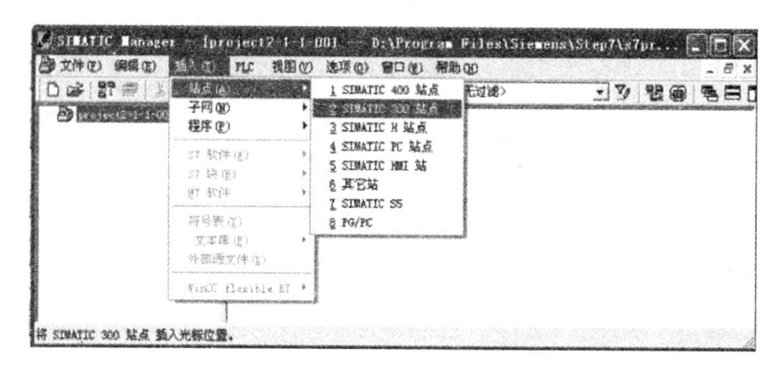

图 3—3　站点对话框

（3）设置 SIMATIC 300 站 CPU 型号，规划 SIMATIC 300 站硬件系统

将鼠标移到 SIMATIC 300 站点的图标上，双击可以打开 SIMATIC 300 站点的配置窗口，如图 3—4 所示。

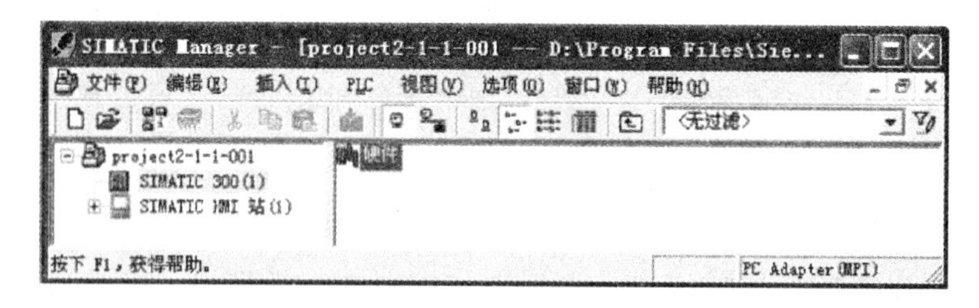

图 3—4　站点配置窗口

选择硬件图标并双击，将会在一个新窗口中打开 SIMATIC 300 硬件配置（HW Config）界面，如图 3—5 所示。

选择右边硬件选项中的 SIMATIC 300 前面的“+”号，可以展开 SIMATIC 300 站点的可选项，继续选择其子项 RACK－300，单击“+”号展开该子项，双击其中的 Rail，为 SIMATIC 300 站点插入一个底板，如图 3—6 所示。

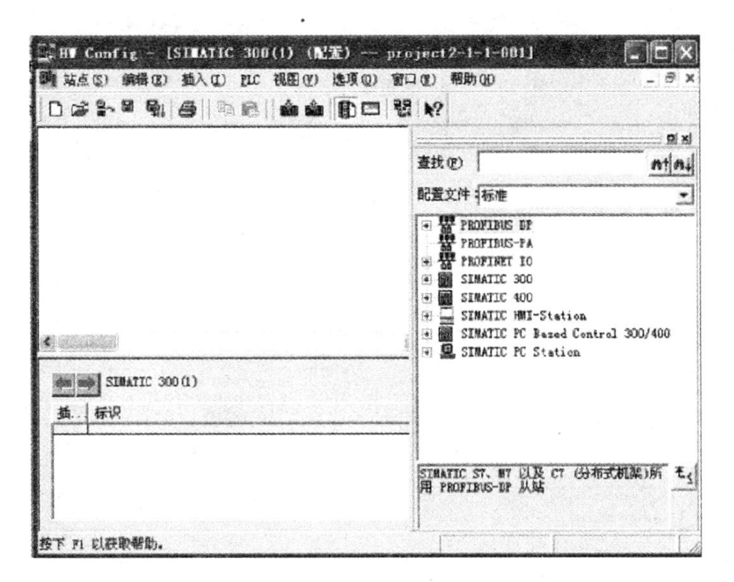

图 3—5　硬件配置界面对话框

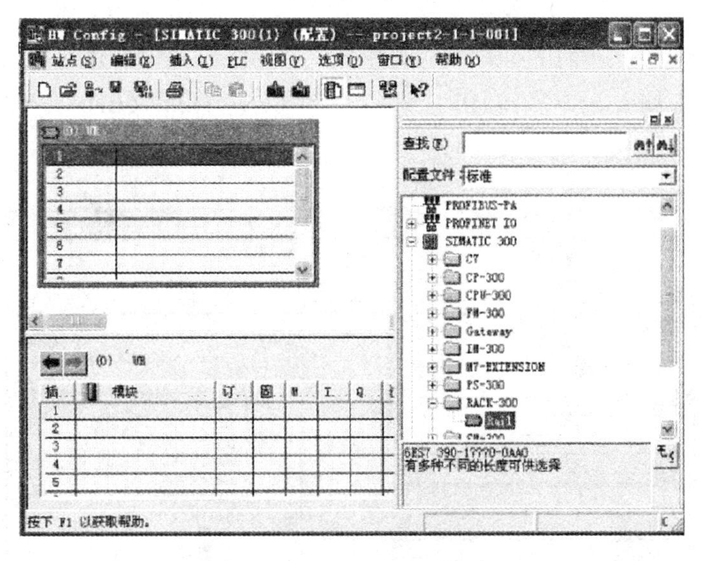

图 3—6　RACK - 300 对话框

在该底板上有 11 个插槽位置，其中第一个插槽只能插入电源模块。如果使用西门子为 SIMATIC 硬件提供的专用电源模块，可以选中第一个插槽位置；然后选择 SIMATIC 选项中的 PS - 300 子项，单击“ + ”号展开该子项；然后从中选择对应的电源模块并双击，将电源模块插入对应的底板插槽。如果不使用西门子为 SIMATIC 提供的电源模块，而是使用其他外置电源，请将该模块空置（如果不知道自己使用的电源模块形式，请空置该插槽）。插入电源模块如图 3—7 所示。

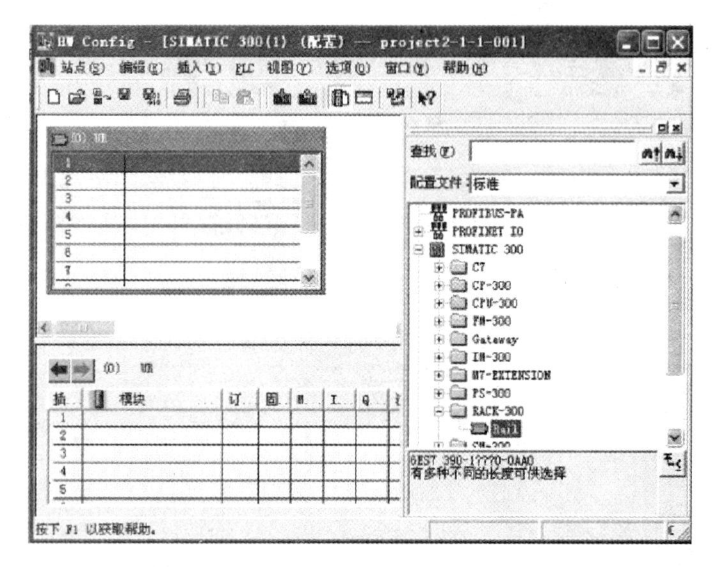

图 3—7　电源模块

底板上第二个插槽需要插入 CPU 模块。选中第二个插槽位置，然后选择 SIMATIC 选项中的 CPU－300 子项，单击“＋”号展开该子项，然后从中选择对应的 CPU 模块（使用的 CPU 模块是 CPU 313C－2 DP，订货号为 6ES7 313－6CF03－0AB0，版本号为 V2.6.），如图 3—8 所示。

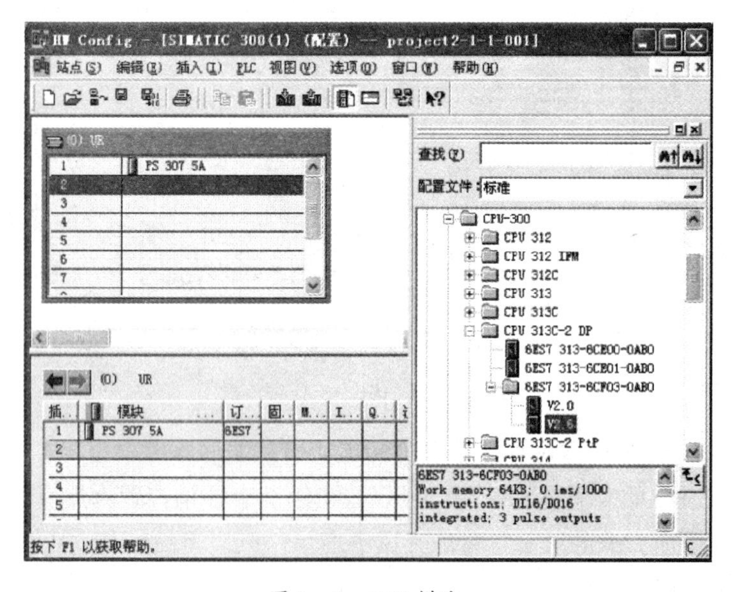

图 3—8　CPU 模块

双击该模块，会弹出该模块的附加属性设置界面。由于 CPU 313C－2 DP 自带有一个 PROFIBUS 接口，将会打开接口属性设置对话框，如图 3—9 所示。

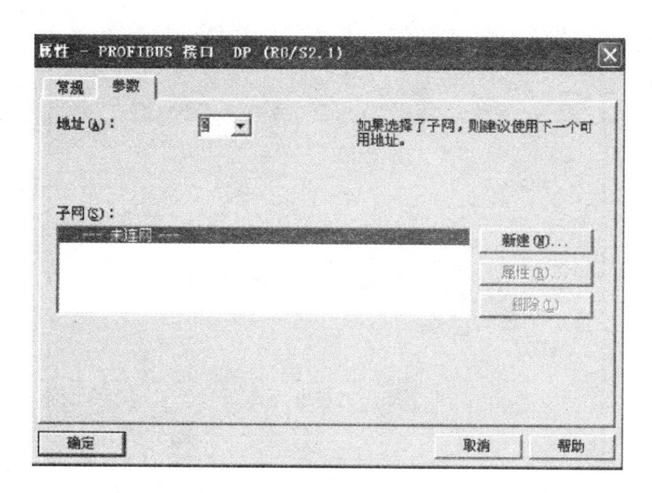

图 3—9　接口属性设置对话框

如果暂时不利用（或不知道是否利用）该 PLC 的 PROFIBUS 接口作为通信应用，直接单击“确定”即可。将该窗口中的界面分割线进行拖动，可以使各种信息更加直观呈现，如图 3—10 所示，请读者自己尝试该项功能。

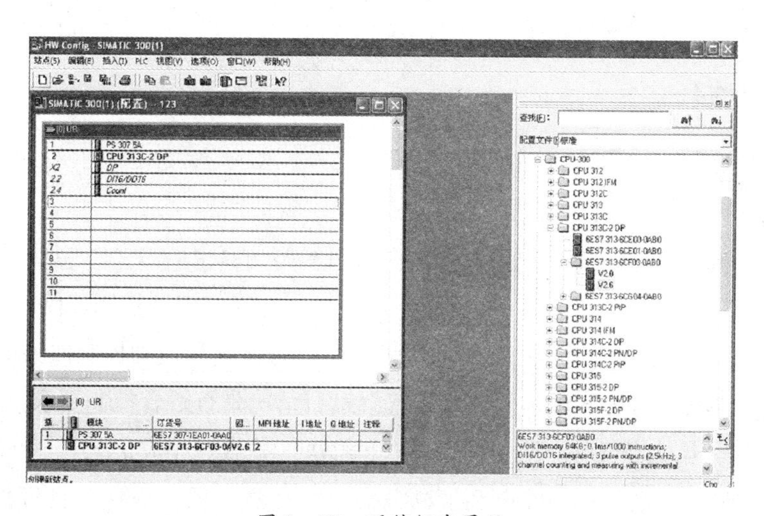

图 3—10　硬件组态界面

新组态的 SIMATIC 300 站点对硬件自动分配地址，从图中可以看出，默认的输入为 124 ~ 126（3 通道，24 点，对应输入为 I124.0 ~ I124.7，I125.0 ~ I125.7，I126.0 ~ I126.7），输出为 124 ~ 125（2 通道，16 点，对应输出为 Q124.0 ~ Q124.7，Q125.0 ~ Q125.7）。如果觉得不习惯，可以自行修改。

双击模块中的 DI24/DO16 行，打开该子模块的属性页，选择其中的“地址”标签，将“系统默认”前面的钩去掉，然后在上面的“开始”输入框中输入自己想要的通道名称（一般习惯从 0 开始），如图 3—11 所示。

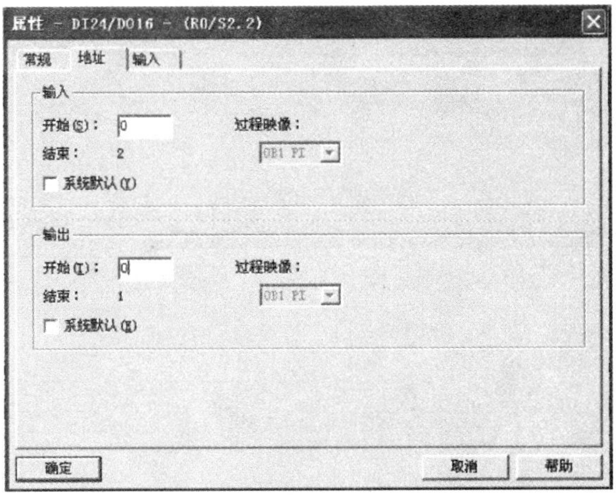

图 3—11　地址选择对话框

4．单电控二位三通电磁换向阀

单电控二位三通电磁换向阀如图 3—12 所示。

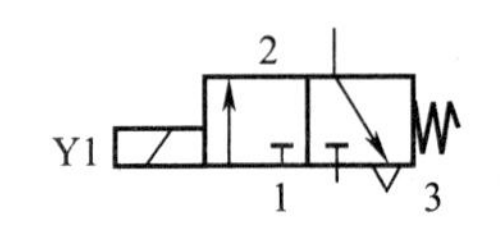

图 3—12　单电控二位三通电磁换向阀

当电磁阀中电磁线圈 Y1 得电，左位工作则 1、2 口接通，当 Y1 失电在弹簧的作用下复位 1、2 口被关断。

【任务实施】

以小组为单位进行以下学习实训活动：

1．认真分析任务描述，理清控制要求和动作逻辑关系。

2．根据控制要求进行 PLC 程序的编写并进行模拟仿真。

3．根据控制要求在 FluidSIM－P 仿真软件上进行电气和气动控制回路的设计与调试。

4．按照仿真设计的结果，在 FESTO 实训台上进行电气和气动控制回路的构建。

5．连接无误后，打开气源供气，观察气缸运行情况是否符合控制要求。

6．对实训中出现的问题进行分析、讨论和解决，并做好相应记录。

7．完成实训任务后，首先断电和切断气源，然后将元器件放回元件存储柜并进行检查整理。

【参考 PLC 程序】

1．I/O 分配表（见表 3—1）

表 3—1　I/O 分配表

INPUT			OUTPUT		
功能	元件	PLC 地址	功能	元件	PLC 地址
启动按钮	SB1	I0.0	气缸伸出	电磁阀 Y1	Q0.0

2. I/O 硬件接线图（见图 3—13）

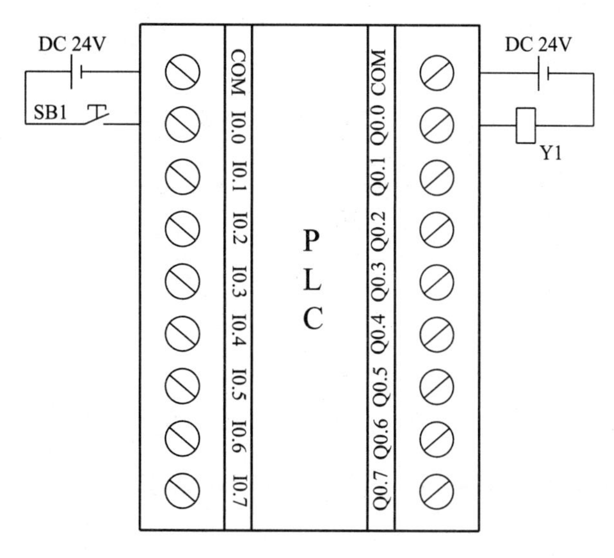

图 3—13 I/O 硬件接线图

3. 程序

【参考设计回路】

气动控制回路如图 3—14 所示。

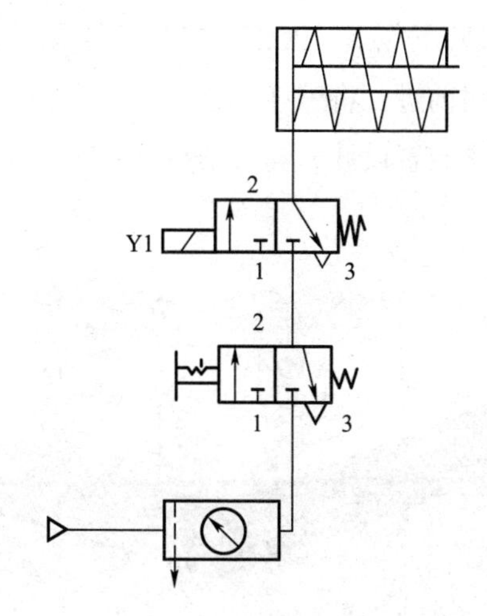

图 3—14 气动控制回路

【任务评价】

填写评价表 3—2。

表 3—2　　供料装置的 PLC 气动控制回路构建与调试实训

评价方面	分值	自我评价	小组互评	教师评价	得分
方案设计	10 分				
气动控制回路模拟仿真调试	20 分				
元器件的安装	10 分				
气动控制回路构建调试	20 分				
执行元件动作过程	20 分				
学习态度	10 分				
文明生产	10 分				

任务 2　工件夹紧装置的 PLC 气动控制回路构建与调试

【任务描述】

工件夹紧装置如图 3—15 所示，利用 PLC 来控制工件夹紧装置中双作用气缸 1 A 的运行。按下按钮后，可移动的卡钳前进，将工件夹紧。按下另一个按钮后，卡钳返回到初始位置，松开工件。请为该工件夹紧装置设计一套气动控制回路，并利用 PLC 进行编程控制。

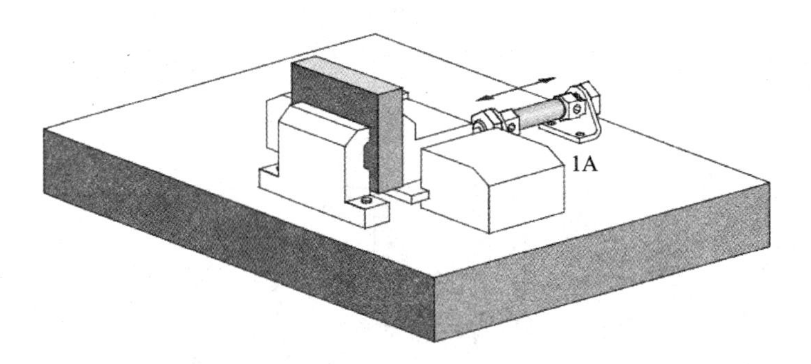

图 3—15　工件夹紧装置

【任务分析】

通过分析此任务描述，我们可以为其设计采用 PLC 控制双电控电磁阀的方式进行驱动控制。

【相关知识】

1. ┤/├常闭接点（地址）

当保存在指定 <地址> 中的位值等于 0 时，┤/├（常闭接点）闭合。当接点闭合时，梯形逻辑级中的信号流经接点，逻辑运算结果（RLO）为 1。相反，如果指定 <地址> 的信号状态为 1，接点打开。当接点打开时，没有信号流经接点，逻辑运算结果（RLO）为 0。串联使用时，┤/├通过“与”（AND）逻辑链接到 RLO 位。并联使用时，┤/├通过“或”（OR）逻辑链接到 RLO 位。

2. 双电控二位五通电磁换向阀

如图 3—16 所示，当 Y1 得电时，电磁阀左位工作，进气口 1 和工作口 4 接通，工作口 2 和排气口 3 接通排气；当 Y2 得电时，电磁阀右位工作，进气口 1 和工作口 2 接通，工作口 4 和排气口 5 接通排气。

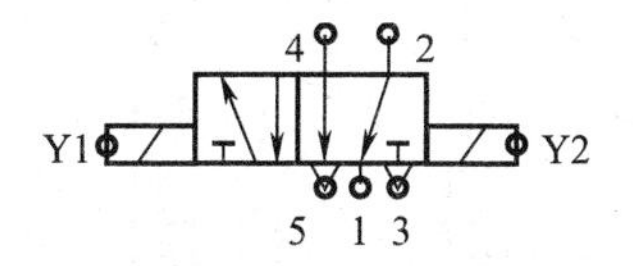

图 3—16 双电控二位五通电磁换向阀

【任务实施】

以小组为单位进行以下学习实训活动：

1. 认真分析任务描述，理清控制要求和动作逻辑关系。
2. 根据控制要求进行 PLC 程序的编写并进行模拟仿真。
3. 根据控制要求在 FluidSIM－P 仿真软件上进行电气和气动控制回路的设计与调试。
4. 按照仿真设计的结果，在 FESTO 实训台上进行电气和气动控制回路的构建。
5. 连接无误后，打开气源供气，观察气缸运行情况是否符合控制要求。
6. 对实训中出现的问题进行分析、讨论和解决，并做好相应记录。
7. 完成实训任务后，首先断电和切断气源，然后将元器件放回元件存储柜并进行检查整理。

【参考 PLC 程序】

1. I/O 分配表（见表 3—3）

表 3—3　　I/O 分配表

INPUT			OUTPUT		
功能	元件	PLC 地址	功能	元件	PLC 地址
停止按钮	SB1	I0. 0	气缸伸出	电磁阀 Y1	Q0. 0
气缸伸出按钮	SB2	I0. 1	气缸缩回	电磁阀 Y2	Q0. 1
气缸缩回按钮	SB3	I0. 2			

2. I/O 硬件接线图（见图 3—17）

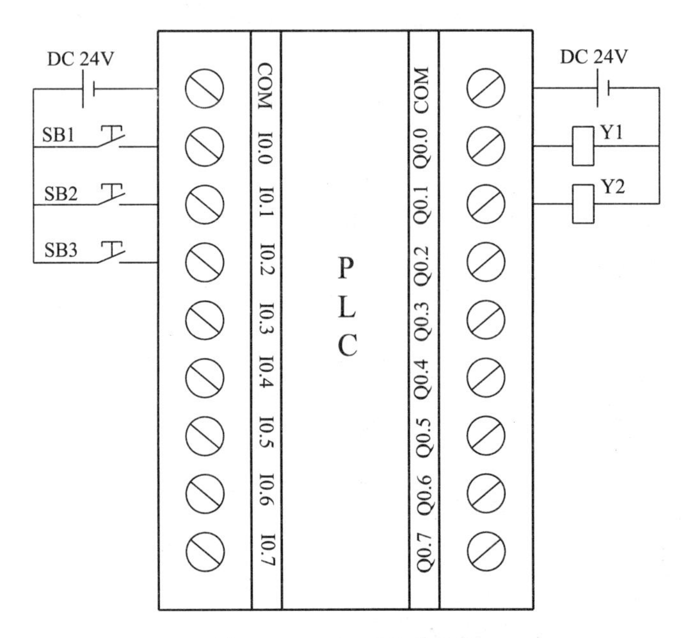

图 3—17　I/O 硬件接线图

3. 程序

（1）程序段 1：气缸伸出

```
   I0.1      I0.0      Q0.1      Q0.0
|──┤ ├──────┤/├──────┤/├──────( )──|
```

（2）程序段 2：气缸缩回

```
   I0.2      I0.0      Q0.0      Q0.1
|──┤ ├──────┤/├──────┤/├──────( )──|
```

【参考设计回路】

气动控制回路如图 3—18 所示。

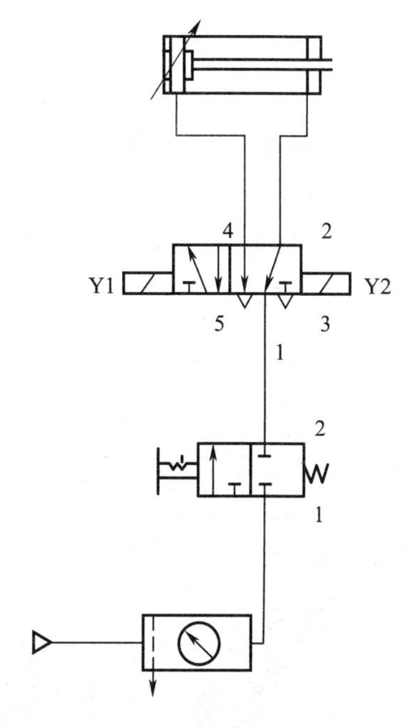

图 3—18　气动控制回路

【任务评价】

填写评价表 3—4。

表 3—4　　工件夹紧装置的 PLC 气动控制回路构建与调试实训

评价方面	分值	自我评价	小组互评	教师评价	得分
方案设计	10 分				
气动控制回路模拟仿真调试	20 分				
元器件的安装	10 分				
气动控制回路构建调试	20 分				
执行元件动作过程	20 分				
学习态度	10 分				
文明生产	10 分				

任务3　进料装置的PLC气动控制回路构建与调试

【任务描述】

进料装置如图3—19所示，利用PLC来控制进料装置中单作用气缸置复位运行。要求使用置位与复位指令实现以下功能：按下按钮SB1，A气缸伸出；按下按钮SB2，B气缸伸出；按下按钮SB3，A、B气缸同时缩回。A、B气缸同为单作用气缸。请为该进料装置设计一套气动控制回路，并利用PLC进行编程控制。

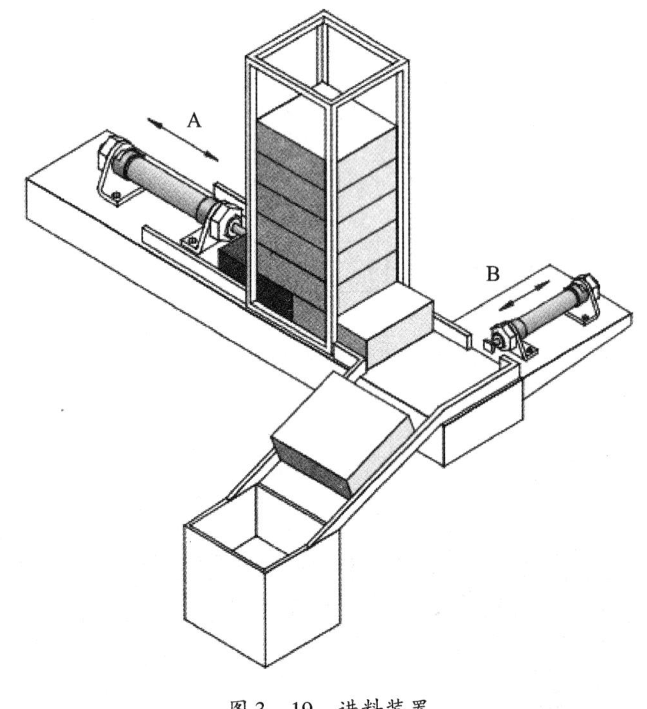

图3—19　进料装置

【任务分析】

通过分析此任务描述，在设计时应该充分考虑物料分配时两个气缸动作之间的逻辑关系。首先是A先动作，随后B动作，最后同时回到原位，完成一个周期的动作。

【相关知识】

1. -(S) 线圈置位

-(S) （线圈置位指令）只有在前一指令的 RLO = 1 时（电流流经线圈），才能执行。如果 RLO = 1，元素的指定 < 地址 > 将被置 1。RLO = 0 没有任何作用，并且元素指定地址的状态保持不变。

2. -(R) 线圈复位

-(R) （线圈复位指令）只有在前一指令的 RLO = 1 时（电流流经线圈），才能执行。如果有电流流过线圈（RLO = 1），元素的指定 < 地址 > 处的位则被复位为 0。RLO = 0（没有电流流过线圈）没有任何作用，并且元素指定地址的状态保持不变。

【任务实施】

以小组为单位进行以下学习实训活动：

1. 认真分析任务描述，理清控制要求和动作逻辑关系。

2. 根据控制要求进行 PLC 程序的编写并进行模拟仿真。

3. 根据控制要求在 FluidSIM - P 仿真软件上进行电气和气动控制回路的设计与调试。

4. 按照仿真设计的结果，在 FESTO 实训台上进行电气和气动控制回路的构建。

5. 连接无误后，打开气源供气，观察气缸运行情况是否符合控制要求。

6. 对实训中出现的问题进行分析、讨论和解决，并做好相应记录。

7. 完成实训任务后，首先断电和切断气源，然后将元器件放回元件存储柜并进行检查整理。

【参考 PLC 程序】

1. I/O 分配表（见表 3—5）

表 3—5　　I/O 分配表

INPUT			OUTPUT		
功能	元件	PLC 地址	功能	元件	PLC 地址
A 气缸伸出	SB1	I0. 0	A 气缸伸出	电磁阀 Y1	Q0. 0
B 气缸伸出	SB2	I0. 1	B 气缸伸出	电磁阀 Y2	Q0. 1
A、B 气缸缩回	SB3	I0. 2			

2. I/O 硬件接线图（见图 3—20）

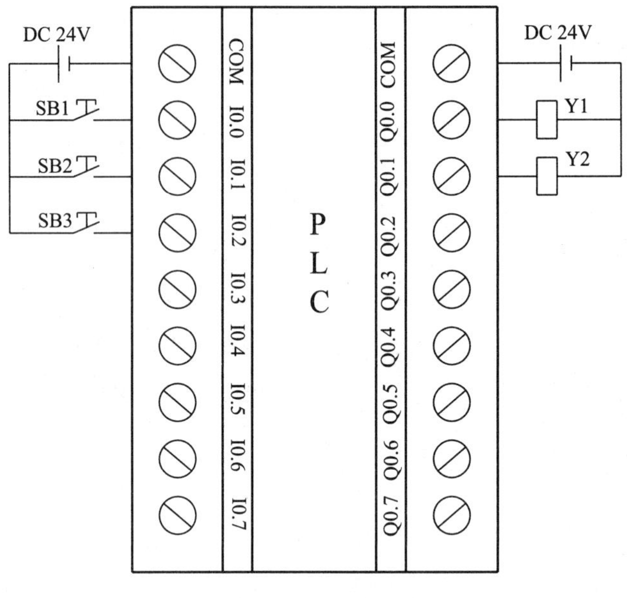

图 3—20　I/O 硬件接线图

3. 程序

（1）程序段 1：A 气缸伸出

I0.0　Q0.0 (S)

（2）程序段 2：B 气缸伸出

I0.1　Q0.1 (S)

（3）程序段 3：A、B 气缸缩回

I0.2　Q0.0 (R)

Q0.1 (R)

【参考设计回路】

气动控制回路如图 3—21 所示。

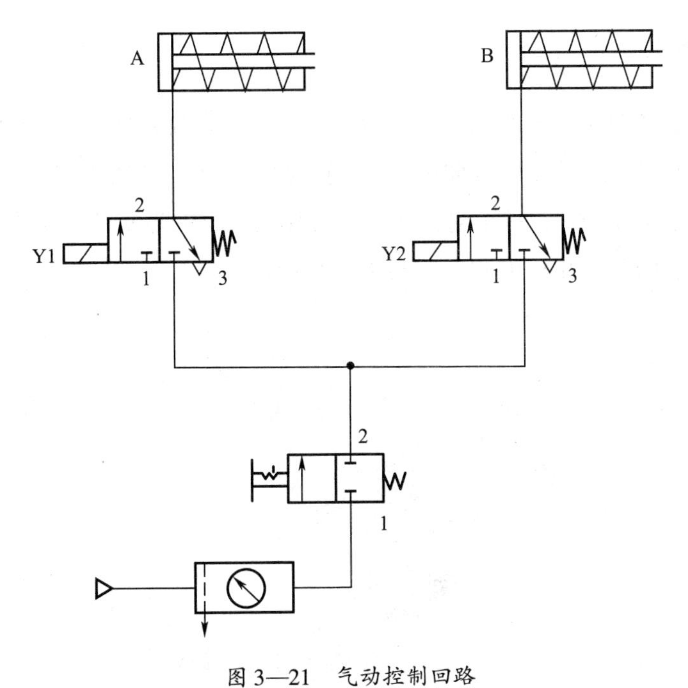

图 3—21　气动控制回路

【任务评价】

填写评价表 3—6。

表 3—6　　进料装置的 PLC 气动控制回路构建与调试实训

评价方面	分值	自我评价	小组互评	教师评价	得分
方案设计	10 分				
气动控制回路模拟仿真调试	20 分				
元器件的安装	10 分				
气动控制回路构建调试	20 分				
执行元件动作过程	20 分				
学习态度	10 分				
文明生产	10 分				

任务4　工件夹紧装置的 PLC 气动控制回路构建与调试

【任务描述】

工件夹紧装置如图 3—22 所示，通过 PLC 控制气动回路来实现以下功能：按下按钮 SB1，A 气缸伸出，5 s 之后 B 气缸伸出，B 气缸伸出 5 s 后 A 气缸缩回，5 s 后 B 气缸也缩回，则完成了整个工作循环；按下复位按钮 SB2 则所有计时器复位。请为该工件夹紧装置设计一套气动控制回路，并利用 PLC 进行编程控制。

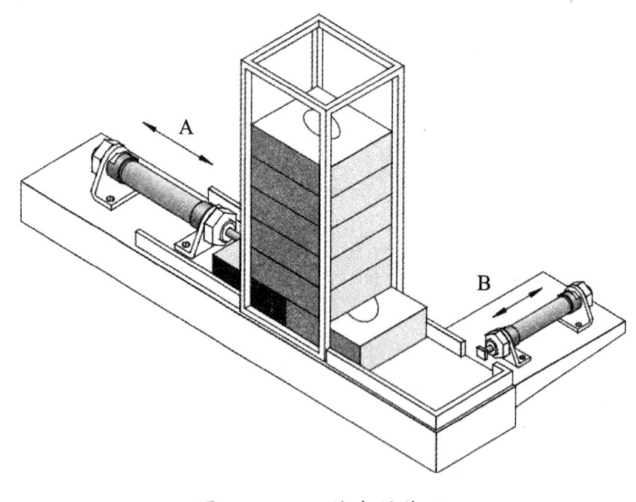

图 3—22　工件夹紧装置

【任务分析】

通过分析本任务描述，在编程时要首先分析清楚两个气缸运动之间的时间逻辑关系，这样才能使得设备按照工艺要求进行工作。

【相关知识】

S_ODTS 保持型接通延时 5 s 定时器

S_ODTS 保持型接通延时 5 s 定时器如图 3—23 所示。S_ODTS（保持型接通延时 5 s 定时器指令）用于在启动（S）输入端上出现上升沿时，启动指定的定时器。为了启动定时器，信号变化总是必要的。即使在时间结束之前在 S 输入端的信号状态变为 0，定时器还是按 TV 输入端上设定的时间间隔继续运行。当时间已经结束，不管 S 输入端上的信号状态如何，则输出 Q 的信号状态为 1。当定时器正在运行时，如果输入端 S 的信号状态从 0 变为 1，则定时器以预置时间值重新启动（重新触发）。

如果复位（R）输入端从 0 变为 1，则定时器复位，而不管在 S 输入端上的 RLO 状态。此时，输出 Q 的信号状态为 0。

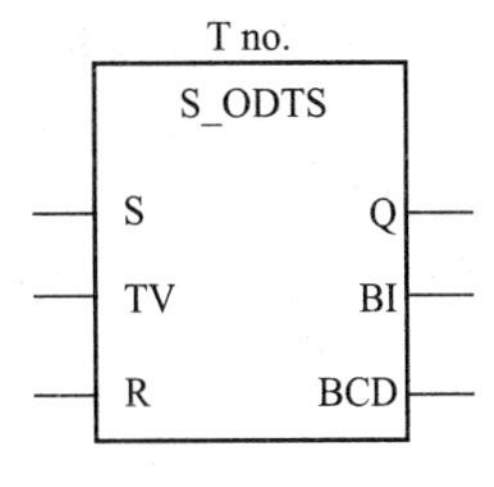

图 3—23 S_ODTS 保持型接通延时 5 s 定时器

【任务实施】

以小组为单位进行以下学习实训活动：

1. 认真分析任务描述，理清控制要求和动作逻辑关系。

2. 根据控制要求进行 PLC 程序的编写并进行模拟仿真。

3. 根据控制要求在 FluidSIM - P 仿真软件上进行电气和气动控制回路的设计与调试。

4. 按照仿真设计的结果，在 FESTO 实训台上进行电气和气动控制回路的构建。

5. 连接无误后，打开气源供气，观察气缸运行情况是否符合控制要求。

6. 对实训中出现的问题进行分析、讨论和解决，并做好相应记录。

7. 完成实训任务后，首先断电和切断气源，然后将元器件放回元件存储柜并进行检查整理。

【参考 PLC 程序】

1. I/O 分配表（见表 3—7）

表 3—7　　I/O 分配表

INPUT			OUTPUT		
功能	元件	PLC 地址	功能	元件	PLC 地址
A 气缸伸出	SB1	I0. 0	A 气缸伸出	电磁阀 Y1	Q0. 0
复位按钮	SB2	I0. 1	A 气缸缩回	电磁阀 Y2	Q0. 1
			B 气缸伸出	电磁阀 Y3	Q0. 2
			B 气缸缩回	电磁阀 Y4	Q0. 3

2. I/O 硬件接线图（见图 3—24）

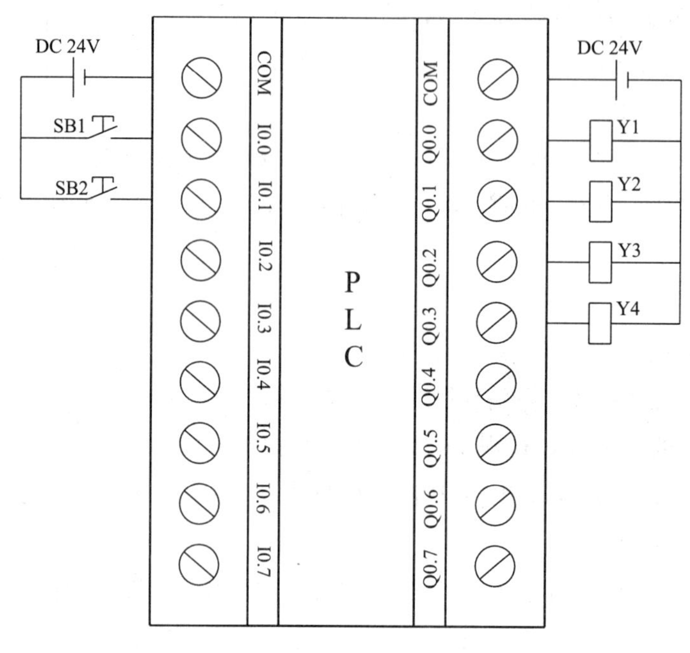

图 3—24　I/O 硬件接线图

3. 程序

（1）程序段 1：

I0.0　Q0.0

（2）程序段 2：

T1
Q0.0　S_ODTS
S　Q
S5T#5S　TV　BI　…
I0.1　R　BCD　…

（3）程序段 3：

T1　T2　Q0.2

（4）程序段 4：

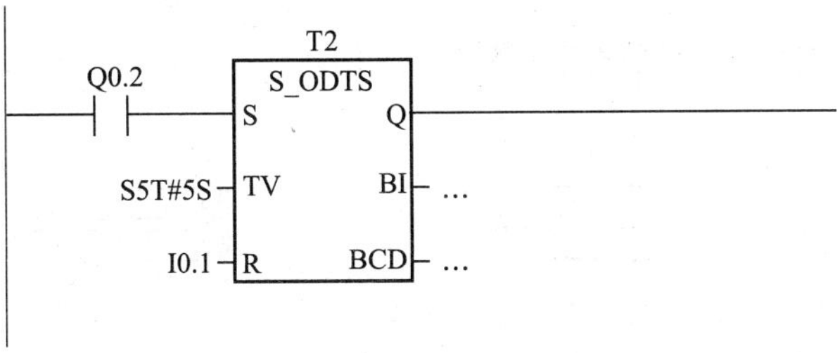

T2
S_ODTS
Q0.2 — S　Q
S5T#5S — TV　BI — …
I0.1 — R　BCD — …

（5）程序段 5：

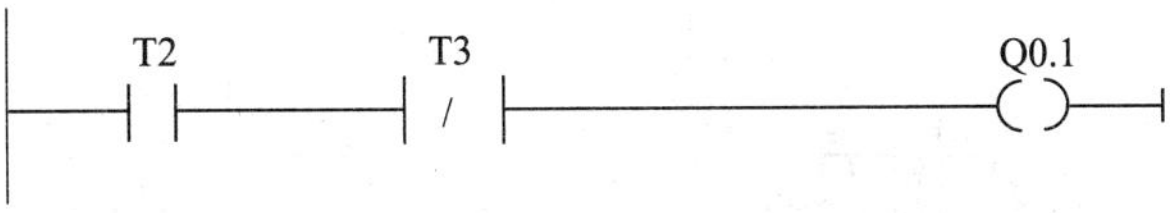

T2　T3　Q0.1

（6）程序段 6：

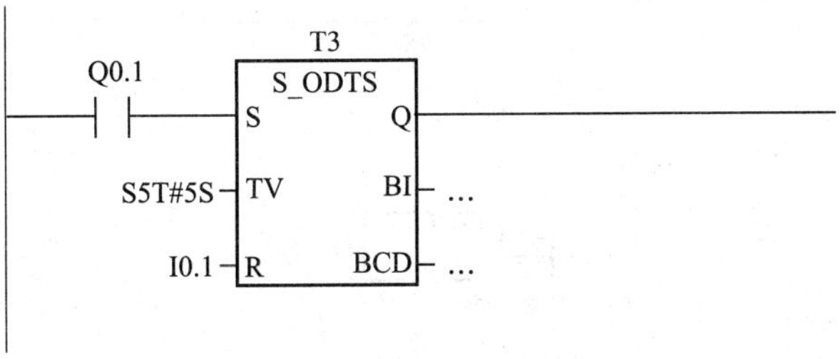

T3
S_ODTS
Q0.1 — S　Q
S5T#5S — TV　BI — …
I0.1 — R　BCD — …

（7）程序段 7：

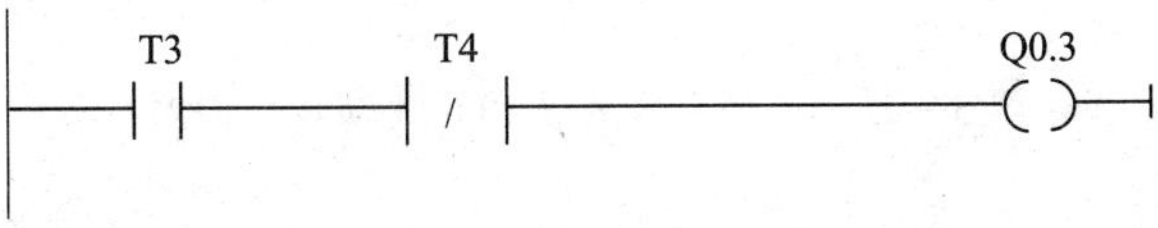

T3　T4　Q0.3

（8）程序段 8：

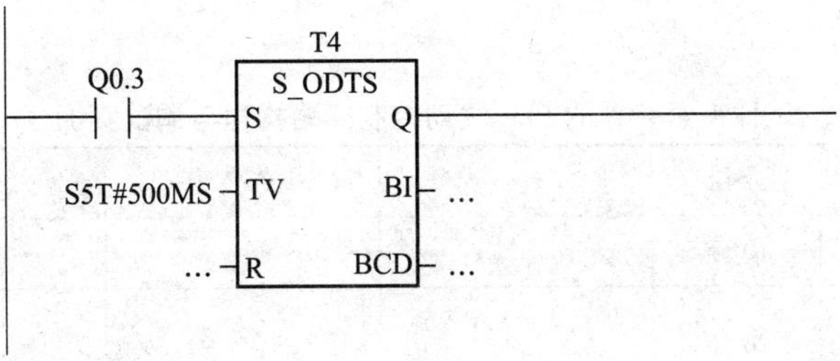

T4
S_ODTS
Q0.3 — S　Q
S5T#500MS — TV　BI — …
… — R　BCD — …

【参考设计回路】

工件夹紧装置 PLC 气动控制回路如图 3—25 所示。

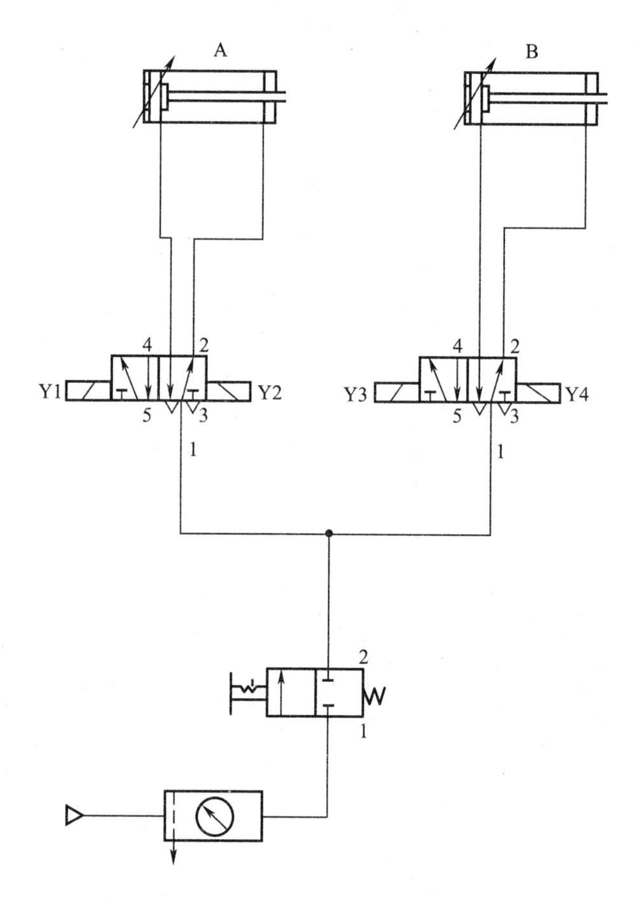

图 3—25　工件夹紧装置 PLC 气动控制回路

【任务评价】

填写评价表 3—8。

表 3—8　　工件夹紧装置的 PLC 气动控制回路构建与调试实训

评价方面	分值	自我评价	小组互评	教师评价	得分
方案设计	10 分				
气动控制回路模拟仿真调试	20 分				
元器件的安装	10 分				

续表

评价方面	分值	自我评价	小组互评	教师评价	得分
气动控制回路构建调试	20 分				
执行元件动作过程	20 分				
学习态度	10 分				
文明生产	10 分				